AF533227

RUDOLF POHLMANN • KILLIFISCH-FIBEL

Rudolf Pohlmann

Killifisch-Fibel

Prachtkärpflinge West- und Zentralafrikas

Dähne Verlag

Fotonachweis:
Alle Fotos, außer den besonders gekennzeichneten, sind vom Autor.
Titelfoto: R. Pohlmann

Bibliografische Information der Deutschen Nationalbibliothek

Die Deutsche Nationalbibliothek verzeichnet diese Publikation in der Deutschen Nationalbibliografie; detaillierte bibliografische Daten sind im Internet über http://dnb.dnb.de abrufbar.

ISBN 978-3-944821-47-4

Druck: Grafisches Centrum Cuno GmbH & Co. KG
Printed in Germany

Inhalt

Vorwort ... 6

Die Killifische (Prachtkärpflinge) Westafrikas ... 8

Killifische (Prachtkärpflinge) im Gesellschaftsbecken ... 10

Annuelle, semiannuelle und nicht-annuelle Arten ... 11

Große Prachtkärpflinge-Gattung *Fundolopanchax* ... 16

Prachtkärpflinge – Roloffia-Gruppe ... 28

***Aphyosemion* – Prachtkärpflinge** ... 32

Zwerg-Prachtkärpfling- Gattung *Fenerbahce* ... 71

Haltung und Zucht von Killifischen ... 72
- Wasserhärte und -enthärtung ... 72
- Wassertemperatur und -werte ... 73
- Messgeräte ... 74

Laubblätter – Hilfe bei Krankheiten ... 75

Killifischzucht ... 76
- Meine Zuchtanlage ... 76
- Beleuchtung ... 76
- Heizung ... 77
- Luftpumpen und Filter ... 77
- Zuchtansatz ... 78
- Ablaichsubstrat ... 78
- Aggressivers Verhalten der Killifische ... 79
- Ablegen der Eier auf Torf ... 80
- Trockenlagerung des Torfansatzes ... 80
- Mehrfaches Trockenlegen ... 81
- Aufgießen des Zuchtansatzes ... 81
- Aufzuchtbecken ... 82

Futtertierzucht ... 83
- Essigälchen ... 83
- Pantoffeltierchen ... 84
- Mikrowürmer ... 85
- *Artemia* ... 85

Lebendfutter ... 87
- Grindalwürmer ... 87
- Springschwänze ... 87
- Fruchtfliegen ... 88
- Schwarze Mückenlarven ... 89

Artenliste ... 92

Literatur ... 95

Vorwort

Meine fast 25-jährige Tätigkeit als DKG-Arbeitsgruppenleiter *Chromaphyosemion* führte zu vielen guten Kontakten mit Freunden, die die Herkunftsländer der Killifische besuchten und mir Tiere mitbrachten. Auch als Fischfotograf wurden mir viele Arten für einige Wochen zum Fotografieren überlassen. Diese Zeit nutzte ich aber auch, sie in meiner 120-Becken-Anlage im Keller zur Nachzucht anzusetzen und sie noch besser kennen und verstehen zu lernen. Dadurch konnte ich etwa 90 Prozent der Prachtkärpflinge fotografieren und viele Erfahrungen in Pflege und Zucht sammeln.

Im Jahre 1924 gründete Myers die Gattung *Aphyosemion*, die im deutschsprachigen Raum unter dem Namen Prachtkärpflinge bekannt wurden. Sie wurde ein Sammeltopf für alle Killifische West- und Zentralafrikas, mit Ausnahme der Hechtlinge und Leuchtaugenfische. Erst einige Jahrzehnte später entstanden neue Gattungen und Untergattungen. Weitere Abtrennungen begannen um das Jahr 2000 mit den ersten DNA-Untersuchungen. 2014 veröffentlichte Jean H. Huber die Überarbeitung der Gattung *Aphyosemion*, die heute 122 Arten in 9 Untergattungen zählt. Die erst 1966 beschriebene *Roloffia*-Gattung (24 Arten) wurde in vier neue Gattungen eingeteilt. Die größeren *Aphyosemion*-Arten wurden in die *Fundulopanchax*-Gattung (32 Arten) eingeordnet. Es ist zu hoffen, dass die Umbenennungen, Ein- und Ausgliederungen einzelner Gattungen damit bald ein Ende haben werden.

Ich möchte Ihnen die Prachtkärpflinge, eingeteilt in die neuen Gattungen und Untergattungen, hier vorstellen und Sie zu ihrer Zucht ermuntern. Im Handel werden der Gebänderte Prachtkärpfling (*Chromaphyosemion bivittatum*), Cap Lopez (*Aphyosemion australe*) und der Stahlblaue Prachtkärpfling (*Fundulopanchax gardneri*) meist als Anfängerfische bezeichnet. In der Natur haben sie die gleichen Bedingungen wie alle anderen Killifische im Küstenflachland West- und Zentralafrikas, so gesehen eignen sie sich eigentlich alle auch für den Anfänger – wenn man sich ein wenig mit ihnen beschäftigt.

Ich wünsche mir, dass durch diese Fibel auch Ihre Liebe zu den interessanten bunten Killifische West- und Zentralafrikas, mit ihrer imponierenden Farbenpracht geweckt wird.

Aphyosemion castaneum (D.R.Kongo) ist die Typusart der Gattung.

Fundulopanchax gardneri (nigerianus) „Rayfield“ (Nigeria).

Die Killifische (Prachtkärpflinge) West- und Zentralafrikas

Die eierlegenden Vertreter der Zahnkärpflinge werden als Killifische bezeichnet und sind schön gefärbte, meist friedliche und klein bleibende Aquarienfische, die besonders beim Imponiergehabe ihre beeindruckende Farbenpracht zeigen.

Wir unterscheiden zwischen annuellen Arten, die in Gewässern leben, die regelmäßig austrocknen, und nichtannuellen Arten, deren Gewässer selten austrocknen. Dazwischen gibt es die semiannuellen Arten, die in Gewässern leben, die manchmal für mehrere Wochen austrocknen.

Aphyosemion australe „Kap Esterias" (Gabun).
Dieser „Kap Lopez" genannte Prachtkärpfling gehört zu den beliebtesten Killifischen.

Fundulopanchax gardneri (nigerianus) „Innidere" (Nigeria).

Wegen ihrer Attraktivität haben sie eine große Fangemeinde. Man sagt ihnen oft nach, sie wären kurzlebig und schwer nachzuziehen. Das trifft allerdings auf die meisten der hier vorgestellten westafrikanischen Arten nicht zu.

In der Natur leben sie in kleinen Bächen und Gräben mit oft nur wenigen Zentimeter Wasserstand. Die Killifische sind gute Springer und können oftmals über den Boden ins nächste Gewässer hüpfen. Im Aquarium erreichen die meisten Prachtkärpflinge ein Lebensalter von etwa vier Jahren. Man hat so genügend Zeit für einige Experimente, sollte eine Nachzucht auf Anhieb nicht klappen. Killifische sind Dauerlaicher, ihre Laichbereitschaft kontrolliert man mit einem Wollmopp. Sind keine Eier bei guter Fütterung zu finden, müssen die Wasserwerte angepasst werden. Eine erfolgreiche Nachzucht ist oft leichter, als man vermutet.

...und wo kann ich sie erwerben?

Zoohändler führen einige der bekannteren Arten. Eine größere Auswahl findet man auf den Veranstaltungen der DKG (Deutsche Killifisch Gesellschaft). Hier bekommt man eine gute und professionelle Beratung und der Eintritt ist kostenlos. Adressen und Termine zu den Tagungen findet man im Internet. Eine Auflistung der westafrikanischen Gattungen und Arten finden Sie am Ende dieses Buches.

Für Anfänger geeignet?

Die Prachtkärpflinge *Aphyosemion australe, Fundulopanchax gardneri* und *Chromaphyosemion bivittatum* werden in der Literatur meist als Anfängerfische bezeichnet. In der Natur haben diese Fische die gleichen Bedingungen wie alle anderen dort im Küstenstreifen von Westafrika lebenden Killifische. So gesehen sind eigentlich alle diese Killifische als Anfängerfische geeignet. Ihre Zucht ist oft einfach, wenn einige Voraussetzungen berücksichtigt werden. Wer die Möglichkeit hat, Killifische im Keller bei Temperaturen um 20 °C zu pflegen, wird auch andere Killifische aus dem Landesinneren des Kontinents mit Erfolg züchten können. Mit etwas Übung kann man auch annuelle (Fische, die Gewässer bewohnen, die regelmäßig austrocknen) Killifischarten pflegen und nachziehen. Meist geht es leichter, als man denkt.

Killifische (Prachtkärpflinge) im Gesellschaftsbecken

1 Hechtling *Epiplatys zenkeri*, **2** Leuchtaugenfisch *Procatopus similis* und **3** Prachtbarsch *Pelvicachromis taeniatus* leben auch in der Natur mit Killifischen (Prachtkärpflingen) zusammen.

Die Pflege von Prachtkärpflingen aus den Küstenstreifen West- und Zentralafrikas, ist auch im Gesellschaftsbecken möglich. Härtere Wasserwerte werden von ihnen gut vertragen, die Temperatur sollte nicht über 24 °C betragen. Wichtig ist es auch, dass das Aquarium gut abgedeckt ist. Killifische sind gute Springer und finden jede kleinste Öffnung.

Zur Vergesellschaftung eignen sich Fische, die auch in der Natur zusammenleben, dazu gehören Hechtlinge (*Epiplatys*), Leuchtaugenfische (*Procatopus, Plataplochilus* und *Poropanchax*), aber auch kleine Salmler, Barben und Prachtbarsche (*Neolebias, Barbus* und *Pelvicachromis*). Vergesellschaften sollte man Killifische immer in Gruppen von wenigstens sechs Tieren. Ein einzelnes Paar verkümmert oft in einer Ecke und bei zwei einzelnen Männchen kann es zum Ausfall eines Männchens kommen. In einer Gruppe zeigen diese Killifische, besonders beim Imponiergehabe, ihre schönen Farben. Möglich ist auch eine Vergesellschaftung mit anderen friedlichen Fischen.

Günstig ist es, nur Jungtiere einzusetzen, die zusammen aufwachsen. Die Verträglichkeit untereinander ist dann wesentlich friedlicher. Ich empfehle gern, eine Gruppe Männchen in das Gesellschaftsbecken zu setzen. Das ist unproblematisch und meist hat der Killifischzüchter in den Nachzuchten zu viele Männchen und ist froh, wenn er auch diese abgeben kann.

Ein gut bepflanztes Gesellschaftsbecken.

Annuelle, semiannuelle und nichtannuelle Arten

Annuelle Killifischarten

Die annuellen Killifischarten (Saisonfische) West- und Zentralafrikas, leben in Gewässern, die über längere Zeit austrocknen. Es sind Fische der *Fundulopanchax*-Untergattungen: *Paludopanchax, Gularopanchax* und *Fundulopanchax sjoestedti*. Weitere annuelle Killifischarten finden wir in der Gattung *Callopanchax* und der *Aphyosemion*-Untergattung *Raddaella*. Die Eier annueller Killifischarten durchlaufen sogenannte Diapausen (griech. diapausis = Zwischenpause). Diese drei Entwicklungsphasen sind die Eientwicklung, die Ruhephasen und die Entwicklung bis zum Schlüpfen der Larven. Etwas schwieriger gestaltet sich die Entwicklung aus Dauereiern. Man versteht darunter jene Laicheier, die nach Ablauf der normalen Reifezeit noch keine oder nur eine Teilentwicklung zeigen. Mithilfe der Dauereier

Callopanchax toddi ist ein annueller Bodenlaicher.

können diese Fische auch weitere Trockenzeiten überleben. In der Natur legen diese Dauerlaicher ihre Eier bis zum Austrocknen des Gewässers in den Boden. Die Fakten für das Legen der Dauereier sind bisher wenig erforscht. Mitunter wundert sich der Aquarianer, dass plötzlich keine Larven mehr schlüpfen, obwohl sich die Bedingungen nicht geändert hatten. Diese Misserfolge habe ich mehrmals erlebt. Oft stellte sich ein Erfolg erst nach dem dritten oder vierten Aufgießen ein. Da ich oft ältere Fische zum Fotografieren und für meine Untersuchungen hielt, vermute ich, dass sie häufiger Dauereier legen als jüngere Tiere.

Arten aus dem Küstenstreifen

Bei den nichtannuellen Killifischarten, die in Gewässern leben, die selten austrocknen, spricht man von Haftlaichern. Ihre Eier heften sie an Javamoos und feinfiedrige Pflanzen. Günstiger ist die Verwendung eines Wollmopps, womit man den Erfolg des Ablai-

A. Chromaphyosemion volcanum „Kompina" (Kamerun) ist ein Killifisch aus warmen Gewässern.

chens besser kontrollieren kann. Auch Fasertorf wird von den Killifischen gerne angenommen. Die Entwicklung der Eier im Wasser dauert meist zwei bis drei Wochen. Eine Trockenlage¬rung von zwei bis drei Wochen ist ebenfalls möglich. Die Zucht der Prachtkärpflinge aus den Küstenstreifen West- und Zentralafrikas mit wärmeren Temperaturen von 24 °C ist nicht schwierig und die Tiere werden auch vereinzelt im Zoohandel angeboten.

Arten aus kühlen Gewässern

Einige nichtannuelle Killifische aus kühlen Gewässern benötigen Wassertemperaturen von 18 °C bis 22 °C. Diese Temperaturen kann man nur im Keller gewährleisten. Damit die Raumtemperatur nicht zu stark abkühlt, wird für die sehr kalten Wintertage eventuell ein Heizkörper benötigt. Die Wassertemperatur ist bei diesen Fischen ein wichtiger Faktor für die erfolgreiche Zucht. Gerade bei schwierig zu züchtenden Killifischen ist der Hauptgrund für ein Misslingen, dass die kühlen Temperaturen nicht gehalten werden. Vor einigen Jahren bekam ich ein Pärchen *Aphyosemion exiguum*. Bei 22 °C fand ich keine Eier im Wollmopp. Ich habe das Becken direkt auf den kalten Boden gestellt und entdeckte am anderen Tag gleich zehn Eier. Auch bei späteren Versuchen mit anderen Arten aus kühlen Gewässern, die nicht laichen wollten, brachte eine Abkühlung des Wassers bessere Erfolge. Ob sie wirklich laichen, kontrolliert man am besten mit einem Wollmopp. Bei guter Fütterung mit Lebendfutter müsste man dort Laichkörner finden. Werden dort nach mehrfacher Kontrolle keine Eier gefunden, kann eine Absenkung der Wassertemperatur Wunder wirken.

Aphyosemion polli lebt in kühlen Gewässern.

1 *Fundulopanchax Gularopanchax deltaensis* (Nigeria).

2 *Fundulopanchax Paraphyosemion spoorenbergi.*

Semiannuelle Killifisch-Arten

Eine weitere Gruppe, deren Gewässer nicht regelmäßig, aber doch schon gelegentlich für einige Wochen austrocknet, nennt man semiannuelle Fische. Es sind einige große Prachtkärpflinge (*Fundulopanchax*) der Untergattungen *Paraphyosemion* und *Pauciradius*. Auffällig waren bei mir die Arten *Fundulopanchax walkeri* und *Fundulopanchax puerzli* aus der Untergattung *Paraphyosemion*. Bei *F. walkeri* überlebten nach einigen Wochen Jungtiere zusammen mit den Elterntieren im Becken, bei Versuchen der Trockenlagerung musste ich einige Monate auf Erfolg warten. Meine ersten *F. puerzli* legten genügend Eier, die Larven wollten aber nach mehrmaligem Aufgießen nicht schlüpfen. Nachdem ich den Zuchtansatz schon fast vergessen hatte, entwickelten sich nach neun Monaten etwa 30 Jungfische. Im Zuchtansatz befanden sich einige Eier mit unterschiedlichen Entwicklungszeiten (Dauereier). Mit den meisten Fischen aus der Untergattung *Paraphyosemion* gab es mit der Nachzucht keine Probleme. *F. gardneri* ist ein beliebter Anfängerfisch aus dieser Untergattung, der häufig im Zoohandel zu finden ist.

Fundulopanchax ndianus gehört zu den semiannuellen Killifischen.

1

2

Große Prachtkärpflinge
Gattung Fundulopanchax

Untergattung Fundulopanchax
Typusart Fundulopanchax sjoestedti

Gesamtlänge	9-15 cm
Temperatur	22-24 °C
Leitwert	200-300 µS/cm
dH	4-8°
pH	6-7
Zucht	Annuell, Wollmopp oder Fasertorf
Trocken-lagerung	8-16 Wochen. Dauereier mit unterschiedlicher Entwicklungszeit

Arten:

- *Fundulopanchax sjoestedti*
- *Fundulopanchax powelli*

Der größte Prachtkärpfling ist *F. sjoestedti*, der ‚Blaue Prachtkärpfling'. Mit seinen sehr schön ausgezogenen Schwanzflossenspitzen kann er eine Gesamtlänge von 15 Zentimetern erreichen. In angelsächsischen Ländern wird er ‚Blue Gularis Killifish' genannt. Anzutreffen ist er in Tümpeln und verschlammten Bächen im Nigerdelta, im südöstlichen Nigeria und im westlichen Kamerun bei der Ortschaft Funge. Dort bevölkert er Wasserlöcher, die auch schon mal längere Zeit austrocknen.

Die Zucht gelingt durch Trockenlagerung (8-16 Wochen) des Torfansatzes, einige Eier haben eine längere Entwicklungszeit. Das Substrat kann erneut trockengelegt und nach weiteren drei bis vier Wochen aufgegossen werden. Ihre Lebenserwartung liegt bei etwa drei Jahren.

Diese großen Killifische sollte man nicht in zu kleinen Aquarien pflegen. Zur Zucht benötigen sie kräftiges Lebendfutter. Bedenken sollte man auch, dass die Nachzucht schnell heranwächst und ein Aquarium dadurch zu klein wird.

Fundulopanchax sjoestedti „Nigerdelta" (Nigeria).

Fundulopanchax sjoestedti „Funge" (Kamerun).

Fundulopanchax amieti „Ndokndak“ (Sanaga-Flussbecken, Kamerun).

Untergattung Paraphyosemion

Gesamtlänge	6-8 cm
Temperatur	21-24 °C
Leitwert	200-300 µS/cm
dH	4-8°
pH	6-7
Zucht	Semiannuell, Wollmopp oder Fasertorf
Wasserlagerung	3-5 Wochen
Trockenlagerung	4-12 Wochen

Fundulopanchax kann man wahlweise durch zwei Methoden vermehren. Auf die ‚nichtannuelle' (Wasserlagerung), aber auch auf ‚annuelle' Weise (Trockenlagerung).

Wolfgang Harz fing 1994 auf einer Fangreise in Kamerun in einem kleinen Gewässer (27 km nordöstlich der Straßenkreuzung Douala-Edea-Yabassi in Richtung Yabassi) gleich zwei verschiedene Arten von Killifischen: *Fundulopanchax puerzli* und einen *Chromaphyosemion riggenbachi*. Die Zuchtmethode gestaltet sich sehr unterschiedlich. *C. riggenbachi* schlüpft meist schon nach 16 Tagen im Wasser, hingegen braucht *F. puerzli* sechs bis acht Wochen Trockenlagerung.

Arten:

- *Fundulopanchax amieti*
- *Fundulopanchax cinnamomeus*
- *Fundulopanchax kandemi*
- *Fundulopanchax ndianus*
- *Fundulopanchax puerzli*
- *Fundulopanchax spoorenbergi*
- *Fundulopanchax walkeri*

Fundulopanchax puerzli (Nkwoh- und Wuri-Flusssystem, Westkamerun).

Fundulopanchax cinnamomeus „Dakoni-Bafor" (Mungo-Flussbecken, Kamerun).

Einen Torfansatz von *Fundulopanchax puerzli* habe ich durch ein Versehen erst nach neun Monaten aufgegossen und immerhin noch 30 Jungtiere erhalten. Unter den Eiern einiger *Fundulopanchax*-Arten befinden sich einige Dauereier. Sie können auch weitere Trockenzeiten überleben, sollte der Teich nach kurzer Zeit wieder austrocknen. *F. walkeri* ist in Südwest-Ghana und der Elfenbeinküste verbreitet. Seine Eier benötigen eine längere Entwicklungszeit als die anderen Arten in dieser Gruppe (Trockenlagerung zwei bis drei Monate).

Fundulopanchax walkeri „Abidjan" (Elfenbeinküste).

Untergattung Paraphyosemion

Gardneri-Unterarten

Gesamtlänge	5-8 cm
Temperatur	22-26 °C
Leitwert	200-300 µS/cm
dH	4-8°
pH	6-7
Zucht	Semiannuell, Wollmopp oder Fasertorf
Wasserlagerung	3 Wochen
Trockenlagerung	3-6 Wochen

Fundulupanchax gardneri-Unterarten:

- *F. gardneri clauseni*
- *F. gardneri gardneri*
- *F. gardneri lacustris*
- *F. gardneri mamfensis*
- *F. gardneri nigerianum*

Einer der wohl beliebtesten Killifische im Zoohandel ist der Stahlblaue Prachtkärpfling (*Fundulopanchax gardneri*), den man oft auch noch unter der alten Bezeichnung *Aphyosemion gardneri* findet. Er gilt unter den Killifischen als besonders unkomplizierter Anfängerfisch, der in fünf Unterarten eingeteilt wurde. Zusätzlich gibt es je nach Fundort farbliche Unterschiede, weshalb diese Fische immer mit Fundortdaten weitergegeben werden sollten.

Das typische Ablaichen bei den Prachtkärpflingen beginnt damit, dass das Männchen über das Weibchen schwimmt und es in ein Ablaichsubstrat drückt. Das Männchen versucht dann, das Weibchen mit der Rückenflosse zu umgreifen. Das Weibchen gibt einige Eier ab, die vom Männchen befruchtet werden.

Einige *Fundulopanchax-gardneri*-Populationen können relativ aggressiv werden, insbesondere die Männchen können untereinander heftige Auseinandersetzungen haben und die Weibchen werden von ihren männlichen Artgenossen stark getrieben. Darum ist im Zuchtansatzbecken für ausreichend Versteckmöglichkeiten zu sorgen.

Fundulopanchax gardneri lacustris „Akwen".

Fundulopanchax gardneri mamfensis „Mamfe Mile-5" (Kamerun).

Links: Ablaichen bei *Fundulopanchax gardneri.*

Fundulopanchax gardneri nigerianus „Dumbo“ (Kamerun).

Fundulopanchax gardneri gardneri „Udi-Berge“ (Nigeria).

Untergattung Paraphyosemion

Mirabilis-Artengruppe

Gesamtlänge	5-7 cm
Temperatur	22-24 °C
Leitwert	200-300 µS/cm
dH	4-8°
pH	6-7
Zucht	Semiannuell, Wollmopp oder Fasertorf
Wasserlagerung	3 Wochen
Trockenlagerung	3-6 Wochen

Mirabilis-Artengruppe:

- *Fundulopanchax gresensi*
- *Fundulopanchax intermittens*
- *Fundulopanchax mirabilis*
- *Fundulopanchax moensis*
- *Fundulopanchax traudeae*

Horst Gresens besuchte über 20 mal Kamerun und brachte regelmäßig Killifische mit nach Deutschland. Ihm zu Ehren erhielt 2003 ein Fisch den Namen *Fundulopanchax gresensi*. Einige Autoren zählen die Fische der Artengruppe *mirabilis* (Wunderprachtkärpflinge) zur *gardneri*-Artengruppe. Mittlerweile werden die *Mirabilis* Unterarten als Arten geführt. Diese friedlichen Fische sind einfach zu züchten.

1 *Fundulopanchax moensis* „Bator".
2 *Fundulopanchax gresensi* „Takwai".
3 *Fundulopanchax traudeae* „Ebanga".
4 *Fundulopanchax mirabilis* „Mbio".
5 *Fundulopanchax intermittens* „Bojok-Tinto"

3
4
5

Untergattung Paludopanchax
Typusart Fundulopanchax arnoldi

Gesamtlänge	5-6 cm
Temperatur	23-25 °C
Leitwert	200-300 µS/cm
dH	4-8°
pH	6-7
Zucht	Annuell, auf Torf
Trocken-lagerung	8-12 Wochen Dauereier mit unterschiedlicher Entwicklungszeit

Arten:

- *Fundulopanchax arnoldi*
- *Fundulopanchax avichang*
- *Fundulopanchax filamentosus*
- *Fundulopanchax robertsoni*
- *Fundulopanchax rubrolabialis*

Mit fünf bis sechs Zentimetern Gesamtlänge sind die Arten dieser Untergattung die kleinsten unter den *Fundulopanchax*. Durch die geringe Größe würden diese Fische auch gut in die Gruppe „Aphyosemion" passen. Aber entscheidend für die Gattungsbestimmung war damals die größere Anzahl der Flossenstrahlen (16-17 Flossenstrahlen in der Dorsale, 16-18 Flossenstrahlen in der Anale).

Die Lebenserwartung dieser Prachtkärpflinge liegt bei ca. zwei Jahren. Diese Saisonfische (Annuelle) brauchen eine „Trockenzeit" von zwei bis drei Monaten. Die Wasserlagerung der Eier ist hier oft nicht so erfolgreich. Möglich sind auch Dauereier mit unterschiedlichen Entwicklungszeiten der Eier.

1 *Fundulopanchax arnoldi* „Ughelli" (Nigeria). **2** *Fundulopanchax filamentosus* „Ijebu-Ode" (Nigeria). **3** *Fundulopanchax avichang* „Nguba-II" (aus dem Küstengebiet von Bata, Äquatorialguinea).

2
3

Untergattung Gularopanchax

Typusart *Fundulopanchax gularis*

Gesamtlänge	8-10 cm
Temperatur	22-24 °C
Leitwert	200-300 µS/cm
dH	4-8°
pH	6-7
Zucht	Annuell, Wollmopp oder Fasertorf
Wasser-lagerung	3-6 Wochen
Trocken-lagerung	6-10 Wochen Dauereier mit unterschiedlicher Entwicklungszeit

Arten:

- *Fundulopanchax deltaensis*
- *Fundulopanchax fallax (= kribianus)*
- *Fundulopanchax gularis*
- *Fundulopanchax kribianus*
- *Fundulopanchax schwoiseri*

In dieser Untergattung sind drei bis fünf Arten vertreten. Die Stellung von *F. fallax* zu *F. kribianus* und *F. schwoiseri* ist umstritten. 2009 wurden Neuimporte unter den Artennamen *Fundulopanchax kribianus* „Fifinda ADK 09/301" verteilt. Dr. Agnèse, Frankreich (2010) vertritt die Auffassung, dass *F. kribianus* statt *F. fallax* gültig sei.

Die Fundorte von *F. kribianus (fallax)* liegen an der Straße von Kribi nach Elogbatindi. Bei Kumba findet man *Fundulopanchax schwoiseri*. Weitere Arten in dieser Untergattung sind *Fundulopanchax gularis* (Nigeria und Benin) und *Fundulopanchax deltaensis* (Nigerdelta, Nigeria).

Für die erfolgreiche Zucht dieser etwas größeren Fische benötigt man auch entsprechend größere Aquarien und ausreichend Lebendfutter. Die Nachzucht klappt meist besser mit jüngeren Paaren.

1 *Fundulopanchax gularis* (Nigeria). **2** *Fundulopanchax fallax* „Mouanko" (Kamerun), (*Fundulopanchax kribianus* „Mouanko").

Untergattung Pauciradius

Typusart *Fundulopanchax scheeli*

Gesamtlänge	5-7 cm
Temperatur	22-26 °C
Leitwert	200-300 µS/cm
dH	4-8°
pH	6-7
Zucht	Semiannuell, Wollmopp oder Fasertorf
Wasserlagerung	3 Wochen
Trockenlagerung	3-6 Wochen

Arten:

- *Fundulopanchax marmoratus*
- *Fundulopanchax oeseri*
- *Fundulopanchax scheeli*

Diese Untergattung wurde 2005 von Wildekamp & Zee neu beschrieben. Im Vergleich zu anderen *Fundulopanchax*-Arten haben sie die wenigsten Flossenstrahlen in Dorsale und Anale.

In den Regenwald-Sumpfgebieten, im Norden der Insel Bioko (Äquatorialguinea) ist *F. oeseri* beheimatet. *F. scheeli* findet man in kleinen Bächen des Cross Rivers im Südosten Nigerias. Die dritte Art dieser Gruppe ist *F. marmoratus* mit unterschiedlichem Farbmuster verschiedener Fundorte. 1988 fanden Gresens und Schwoiser erstmals in einem Biotop bei Mundemba zwei Populationen mit unterschiedlicher Körperfärbung. Mit großem Aufwand hat Gresens die sich sehr ähnlich sehenden Weibchen sortiert und konnte so die unterschiedlichen Arten trennen.

Einige Franzosen fanden 2013 neue *F. marmoratus* an den Fundorten aus der Umgebung von Mundemba und Ituka (Kamerun), die ein ganz anderes Farbmuster zeigten, als die zuvor gefangenen Fische. Grundsätzlich sollten Killifische immer mit Fundortdaten weitergegeben werden.

Zucht und Bedürfnisse dieser Untergattung sind ähnlich einfach wie die von *F. gardneri*.

1 *Fundulopanchax scheeli* (Nigeria). **2** *Fundulopanchax oeseri* (Bioko). **3** *Fundulopanchax marmoratus* „Mundemba GS1" (Kamerun).

Roloffiakärpflinge Roloffia-Gruppe

Gattung Callopanchax
Typusart Callopanchax occidentalis

Gesamtlänge	8-10 cm
Temperatur	22-24 °C
Leitwert	200-300 µS/cm
dH	4-8°
pH	6-7
Zucht	Annuell, Fasertorf
Trocken-lagerung	6 Monate Dauereier mit unterschiedlicher Entwicklungszeit

Arten:

- *Callopanchax monroviae*
- *Callopanchax occidentalis*
- *Callopanchax sidibeorum*
- *Callopanchax toddi*

Callopanchax war zuvor eine Untergattung von *Aphyosemion* und wurde 1966 umbenannt in *Roloffia*. Durch die DNA-Analyse von Rainer Sonnenberg um 2010 entstanden neue Erkenntnisse, die zu der Beschreibung neuer Gattungen führte.

Die Bezeichnung „Prachtkärpflinge" bietet Verwechslungspotenzial mit der Gattung *Aphyosemion*. Alternativ könnte man den Namen „Roloffiakärpfling" für die neuen Gattungen *Nimbapanchax, Callopanchax, Scriptaphyosemion* und *Archiaphyosemion* benutzen. DNA-Untersuchungen dieser Fischgruppe zeigen eine systematische Nähe zu den Hechtlingen *Epiplatys*.

Die Zucht ist mehr für Geübte, die Erfahrungen mit Saisonfischen haben.

Callopanchax toddi „Takhori" (Guinea).

Callopanchax occidentalis „Malai" (Sierra Leone).

Archiaphyosemion guineense „Lenghe-Curoh" (Sierra Leone).

Gattung Archiaphyosemion
Typusart Archiaphyosemion guineense

Gesamtlänge	8-10 cm
Temperatur	22-24 °C
Leitwert	200-300 µS/cm
dH	4-8°
pH	6-7
Zucht	Nicht annuell, Fasertorf
Wasser-lagerung	3 Wochen

Arten:

- *Archiaphyosemion guineense*

Archiaphyosemion war ursprünglich eine Untergattung von *Aphyosemion*. Den DNA-Untersuchungen mehrerer Wissenschaftler verdanken wir neue Erkenntnisse der gültigen Klassifikation.

Die neuen Gattungen der alten *Roloffia* gehören wie *Aphyosemion* zur Familie Nothobranchiidae, sind aber nach heutigen Kenntnissen der DNA-Analyse mit den *Epiplatys* in der Unterfamilie Epiplateinae (Tribus Callopanchini) gelistet. *Aphyosemion* (Prachtkärpflinge) gehören zu der Unterfamilie Nothobranchiinae.

Das Erscheinungsbild dieser Fische, wie Kopf- und Körperform, Gestalt und Position der Flossen, weist klar auf die westafrikanischen Hechtlinge hin.

Die Zucht gelingt ähnlich wie bei den *Aphyosemion*-Arten aus der Küstenebene.

Gattung Nimbapanchax

Typusart *Nimbapanchax leucopterygius*

Gesamtlänge	5-7 cm
Temperatur	18-23 °C
Leitwert	200-300 µS/cm
dH	4-8°
pH	6-7
Zucht	Nicht annuell, Wollmopp
Wasser-lagerung	3 Wochen

Arten:

- *Nimbapanchax jeanpoli*
- *Nimbapanchax leucopterygius*
- *Nimbapanchax melanopterygius*
- *Nimbapanchax petersi*
- *Nimbapanchax virides*

Mit 13 Flossenstrahlen in der Dorsale und 16 Flossenstrahlen in der Anale zeigen die *Archiaphyosemion* mehr Flossenstrahlen als die *Nimbapanchax*. Auch sind die Arten von *Nimbapanchax* etwas kleiner.

Die Hauptverbreitungsgebiete dieser *Nimbapanchax* liegen im Südosten von Guinea und den Grenzgebieten von Liberia und der Elfenbeinküste.

Die Vermehrung bereitet keine großen Probleme. Die Eier sind im Vergleich zu *Archiaphyosemion* etwas kleiner und die Larven schlüpfen etwas schneller. Bis auf *N. petersi* benötigen diese im Landesinneren des Kontinents lebenden Fische 18 bis 21 °C kühles Wasser. Wärmere Wassertemperaturen führen zu ungünstigen Geschlechterverhältnissen. Es entwickeln sich zu viele Männchen.

Nimbapanchax petersi „Banco-Park" (Elfenbeinküste).

Gattung Scriptaphyosemion

Typusart Scriptaphyosemion geryi

Gesamtlänge	5-7 cm
Temperatur	23-26 °C
Leitwert	200-300 µS/cm
dH	4-8°
pH	6-7
Zucht	Nicht annuell, Wollmopp
Wasser-lagerung	3 Wochen

Arten:

- *Scriptaphyosemion banforense*
- *Scriptaphyosemion bertholdi*
- *Scriptaphyosemion brueningi*
- *Scriptaphyosemion cauveti*
- *Scriptaphyosemion chaytori*
- *Scriptaphyosemion etzeli*
- *Scriptaphyosemion fredrodi*
- *Scriptaphyosemion geryi*
- *Scriptaphyosemion guignardi*
- *Scriptaphyosemion liberiense*
- *Scriptaphyosemion nigrifluvi*
- *Scriptaphyosemion roloffi*
- *Scriptaphyosemion schmitti*
- *Scriptaphyosemion wieseae*

Boulenger beschrieb 1908 den ersten *Scriptaphyosemion* als *Haplochilus liberiensis* aus Liberien. Nach der Gründung der Gattung *Aphyosemion* wurden diese Fische hier gelistet. Im Jahre 1987 wurde diese Gruppe, die zuvor *Roloffia* genannt wurde, zurück in die Untergattung *Scriptaphyosemion* von *Aphyosemion* geführt. Das ständige Wechseln der Namen war auch für Aquarianer sehr verwirrend. Als Gattung *Scriptaphyosemion* zählen sie heute zur Unterfamilie Epiplateinae. Die vier Gruppen der Roloffiakärpflinge haben ihr Verbreitungsgebiet in Westafrika, vom Senegal bis nach Ghana.

Die Zucht gelingt relativ einfach. Abgelaicht wird in einem Wollmopp, der täglich abgesucht wird. Die Ablage der Eier erfolgt auf nassem Torf. Nach etwa zwei Wochen ist die Entwicklung der Eier soweit fortgeschritten, dass der Ansatz aufgegossen werden kann. Einige Tage später zeigen sich die ersten Jungfische an der Wasseroberfläche.

1 *Scriptaphyosemion bertholdi* „Victoria" (Sierra Leone). **2** *Scriptaphyosemion cauveti* „Siramousaya" (Sierra Leone). **3** *Scriptaphyosemion roloffi* „Funkuya" (Sierra Leone).

Aphyosemion-Prachtkärpflinge

Untergattung Aphyosemion

Typusart *Aphyosemion castaneum*

Gesamtlänge	5-6 cm
Temperatur	18-20 °C
Leitwert	100-200 µS/cm
dH	2-6°
pH	6-7
Zucht	Nicht annuell, Wollmopp
Wasser-lagerung	3 Wochen
Lebenser-wartung	4 Jahre

Arten:

- *Aphyosemion castaneum*
- *Aphyosemion chauchei*
- *Aphyosemion christyi*
- *Aphyosemion cognatum*
- *Aphyosemion congicum*
- *Aphyosemion decorsei*
- *Aphyosemion elegans*
- *Aphyosemion fellmanni*
- *Aphyosemion ferranti*
- *Aphyosemion lamberti*
- *Aphyosemion lefiniense*
- *Aphyosemion lujae*
- *Aphyosemion musafirii*
- *Aphyosemion plagitaenium*
- *Aphyosemion polli*
- *Aphyosemion pseudoelegans*
- *Aphyosemion rectogoense*
- *Aphyosemion schioetzi*
- *Aphyosemion schoutedeni*
- *Aphyosemion teugelsi*

Nach der Beschreibung der Gattung Aphyosemion durch G.S. Myers 1924, war sie ein Sammeltopf für viele Killifische West- und Zentralafrikas. Durch neue DNA-Untersuchungen entstanden einige Gattungen wie *Fundulopanchax* (große Prachtkärpflinge) sowie die neuen Gattungen aus der alten *Roloffia*-Gruppe. Einige Gattungen wie z.B. *Chromaphyosemion, Diapteron, Episemion* und *Raddaella* wurden von Jean H. Huber in Untergattungen zurückgestuft. Bis auf einige Ausnahmen passt der Großteil der neuen Untergattungen von *Aphyosemion* in die Gattung *Aphyosemion* „kleiner Fisch mit Fähnchen". *Aphyosemion elegans* wurde als erste Art 1899 von Boulenger beschrieben, weshalb sie auch als *Elegans*-Gruppe bezeichnet wird.

Aphyosemion elegans „RC 2016-28" (Kongo).

Das Verbreitungsgebiet ist die Mitte und der Osten von Gabun, die Zentralafrikanische Republik, der Kongo und die Demokratische Republik Kongo. Es sind Prachtkärpflinge im südlichsten Verbreitungsgebiet der Gattung *Aphyosemion*.

Durch Unruhen im Kongo war es jahrzehntelang nicht möglich, das Land zu besuchen, um Fische zu sammeln. 2010 gelang es erstmals wieder Fische vom Congo Brazzaville mitzubringen. Später unternahm der Franzose Fellmann weitere Reisen, weshalb eine neue Art 2018 *Aphyosemion fellmanni* genannt wurde.

Die Fische kommen größtenteils aus kühleren Gewässern. Bei Temperaturen von 18 °C bis 20 °C im kühlen Keller fühlen sie sich wohl. Zu warme Temperaturen werden nicht gut vertragen.

1 *Aphyosemion fellmanni* „Ntoba" (Kongo). **2** *Aphyosemion rectogoense* (Ostgabun). **3** *Aphyosemion decorsei* „Kapou" (Zentralafrikanische Republik).

Untergattung Diapteron

Typusart *Aphyosemion georgiae*

Gesamtlänge	3-4 cm
Temperatur	18-22 °C
Leitwert	100-200 µS/cm
dH	2-6°
pH	6-7
Zucht	Nicht annuell, Wollmopp und Torf
Wasser-lagerung	2 bis 3 Wochen
Lebenser-wartung	4 Jahre

Arten:

- *Aphyosemion abacinum*
- *Aphyosemion cyanostictum*
- *Aphyosemion fulgens*
- *Aphyosemion georgiae*
- *Aphyosemion seegersi*

Zu den beliebtesten Prachtkärpflingen zählen die Fische aus der Untergattung *Diapteron*, die mit drei bis vier Zentimetern zu den kleinsten Prachtkärpflingen gehören. Die Untergattung umfasst fünf Arten, wobei *Aphyosemion seegersi* bei einigen Autoren strittig ist.

Die meisten Fundorte liegen im Norden von Gabun, hauptsächlich im Ivindo-Becken. Dort leben sie in kleinen sumpfigen Bächen des Regenwaldes. Einige Arten findet man an der Grenze nach Äquatorialguinea und im Grenzgebiet des Kongos nach Nordgabun.

Trotz der etwas schwierigen Zucht ist *Diapteron* ein Juwel unter den Killifischen. Auf internationalen Ausstellungen erreichen diese Prachtkärpflinge Spitzensummen bei der Versteigerung, weil die blau leuchtenden Killifische ganz besonders schön sind. Vor allem in der Gruppe zeigen einige beim Imponiergehabe ihre ganze Schönheit mit voll ausgestreckten Flossen.

Voraussetzung für eine erfolgreiche Zucht ist ein kühler Kellerraum. Bei Temperaturen über 24 °C fangen die *Diapteron* an, sich unwohl zu fühlen und noch höhere Temperaturen können sogar zu Ausfällen führen.

1

2

1 *Aphyosemion Diapteron fulgens.* **2** *Aphyosemion Diapteron abacinum.* **3** *Aphyosemion Diapteron cyanostictum* „Makokou". **4** *Aphyosemion Diapteron georgiae.*

3
4

Aphyosemion diapteron fulgens.

Untergattung Scheelsemion
Typusart *Aphyosemion australe*

Gesamtlänge	5-6 cm
Fische aus dem Küstenstreifen:	
Temperatur	22-24 °C
Leitwert	200-300 µS/cm
dH	4-10°
pH	6-7
Fische aus kühlen Gewässern:	
Temperatur	18-22 °C
Leitwert	100-200 µS/cm
dH	4-6°
pH	6-7
Zucht	Nicht annuell, Wollmopp und Torf
Wasser-lagerung	3 Wochen
Lebens-erwartung	4 Jahre

Aphyosemion australe „Parc du Mondah" (Gabun).

Diese neue Untergattung wurde von Jean H. Huber im Februar 2014 erstellt. Sie beinhaltet verschiedene Artengruppen, die sehr unterschiedlich sind. Die wohl bekannteste Art ist *Aphyosemion australe* „Kap Lopez". Im deutschen Sprachraum sind diese Killifische unter dem Namen „Kap Lopez", ihrem Beschreibungsfundort, bekannt geworden.

1

1 *Aphyosemion edeanum* „Makondo" (Kamerun). **2** *Aphyosemion tirbaki* (Gabun). **3** *Aphyosemion calliurum* „Majidon Ilaje" (Nigeria).

Arten:

- *Aphyosemion franzwerneri*
- *Aphyosemion pascheni pascheni*
- *Aphyosemion pascheni festivum*
- *Aphyosemion tirbaki*
- *Aphyosemion herzogi*
- *Aphyosemion herzogi bochtleri*

Calliurum-Artengruppe:

- *Aphyosemion ahli*
- *Aphyosemion australe*
- *Aphyosemion calliurum*
- *Aphyosemion campomaanense*
- *Aphyosemion celiae celiae*
- *Aphyosemion celiae winifredae*
- *Aphyosemion edeanum*
- *Aphyosemion heinemanni*
- *Aphyosemion lividum*

3

1

2

3

4 *Aphyosemion celiae* „Teke" oben, „Ebonji" unten (Kamerun). **5** *Aphyosemion australe* „Orange spotless" (Gabun).

1 *Aphyosemion calliurum* „Bogongo" (Kamerun). **2** *Aphyosemion ahli* (Äquatorialguinea). **3** *Aphyosemion campomaanense* „Campo" (Kamerun).

Im Jahre 1953 wurde ein Aquarienstamm einer orangefarbenen Variante von Meinken als *Aphyosemion hjerresensii* neu beschrieben. Gerhard Hjerresen hat diesen Fisch aus der Stammform rein herausgezüchtet. Es handelt sich hier um einen orangefarbenen Halbalbino. Da aber eine gezüchtete Variante keinen lateinischen Artnamen bekommen konnte, ist diese Zuchtform als *Aphyosemion australe* „Gold" oder „Gold-Kap-Lopez" verbreitet. Im Zoohandel findet man diese Fische auch unter den Namen Bunter Prachtkärpfling, Variante *hjerresensii* oder *Aphyosemion australe* „hjerresensii". Auf der internationalen DKG-Leistungsschau in Leipzig entdeckte ich eine Kap-Lopez-Neuzüchtung, einen *Aphyosemion australe* „orange spotless" (fleckenlos).

Sie sind im Küstenstreifen von Libreville (Nordgabun) bis etwa Pointe-Noire (Südkongo) in kleinen Bächen und Gräben des Regenwaldes anzutreffen.

Viele im Zoohandel angebotene Kap-Lopez haben sich an unsere härteren Wasserbedingungen gewöhnt, sodass sie auch in diesen laichen. Ob sie das wirklich tun, kontrolliert man am besten mit einem Wollmopp. Bei guter Lebendfütterung müssten dort Laichkörner zu finden sein. Werden dort nach mehrfacher Kontrolle keine Eier gefunden, sollte das Wasser mit Regenwasser oder Osmosewasser verschnitten werden.

Aphyosemion franzwerneri (Kamerun).

Alle Arten der *Calliurum*-Artengruppe haben in etwa gleiche Hälterungsbedingungen wie *A. australe*. *A. ahli* findet man im Küstenflachland von Äquatorialguinea bis zum Wouri River, Kamerun. Hinter dem Wouri River, etwa der Ortschaft Kumba, beginnt im Küstenflachland bis Lagos, Nigeria, das Verbreitungsgebiet von *A. calliurum*. Die restlichen Arten dieser Artengruppe haben ein kleines Verbreitungsgebiet im östlichen Kamerun.

A. franzwerneri ist nicht einfach zu vermehren, er benötigt sauerstoffreiches Wasser mit einem Wasserstand bis zu zwölf Zentimetern. Er hält sich in Bodennähe auf und ist wenig produktiv in der Fortpflanzung. Die Weibchen zeigen ein interessantes Farbmuster.

Aphyosemion pascheni „ABK 2007-167" (Kamerun).

A. pascheni und seine Unterart *A. pascheni festivum* sind in der Umgebung von Kribi, Kamerun, verbreitet. Die Fundorte von *A. tirbaki* sind kleine Waldbäche an der Straße von Lastoursville nach Moanda im südöstlichen Gabun. Die Fische fühlen sich bei kühlen Temperaturen wohl.

Das Verbreitungsgebiet der *A. herzogi*-Artengruppe ist Südkamerun, der Osten von Äquatorialguinea und Nordgabun. Die Zucht ist ähnlich die der *Diapteron*. Sie bevorzugen kühles Wasser bis 20 °C. Es ist eine sehr variable Art mit unterschiedlichen Farbmustern.

1 *Aphyosemion herzogi* „Zomoko" (Gabun).

2 *Aphyosemion herzogi bochtleri* „Mintoun" (Gabun).

Untergattung Chromaphyosemion

Typusart *Aphyosemion bitaeniatum*

Temperatur	22-25 °C
Leitwert	200-300 µS/cm
dH	4-10°
pH	6-7
Zucht	Wollmopp oder Fasertorf
Wasser-lagerung	2 Wochen
Trocken-lagerung	2 bis 3 Wochen
Lebenser-wartung	4 Jahre

Arten:

- *Aphyosemion alpha*
- *Aphyosemion aurantiacum*
- *Aphyosemion barakoniense*
- *Aphyosemion bitaeniatum*
- *Aphyosemion bivittatum*
- *Aphyosemion ecucuense*
- *Aphyosemion erythron*
- *Aphyosemion flammulatum*
- *Aphyosemion flavocyaneum*
- *Aphyosemion kouamense*
- *Aphyosemion koungueense*
- *Aphyosemion loennbergii*
- *Aphyosemion lugens*
- *Aphyosemion malumbresi*
- *Aphyosemion melanogaster*
- *Aphyosemion melinoeides*
- *Aphyosemion omega*
- *Aphyosemion pamaense*
- *Aphyosemion poliaki*
- *Aphyosemion punctulatum*
- *Aphyosemion pusillum*
- *Aphyosemion riggenbachi*
- *Aphyosemion rubrogaster*
- *Aphyosemion splendopleure*
- *Aphyosemion volcanum*

Die Zweistreifen-Prachtkärpflinge der *Bivittatum*-Gruppe sind kleine Fische mit zwei längsgestreiften Bändern, die, je nach Stimmung der Tiere beider Geschlechter, sichtbar werden (Stimmungsbänder). Auf dieses Merkmal machte 1895 Lönnberg durch die Namensgebung „bivittatus", der erstbeschriebenen Art, aufmerksam und sie wurden später in einer Gruppe zusammengefasst. 1971 trennte Dr. Alfred Radda diese Gruppe von der Untergattung *Fundulopanchax* ab und überführte sie in die neue Untergattung *Chromaphyosemion* der Gattung *Aphyosemion*. Nachdem sie einige Jahre im Gattung-Status waren, wurden sie 2014 von Jean Huber wieder in eine

1

2

1 *Aphyosemion bitaeniatum* „Lagos" (Nigeria). **2** *Aphyosemion bivittatum* „Ikang" (Nigeria). **3** *Aphyosemion bivittatum* „Funge" (Wildfangtiere aus Kamerun). **4** *Aphyosemion* sp. Niger „Onitsha" (Wildfangtiere aus Nigeria). **6** *Aphyosemion bivittatum* „Funge" (Farbstimmung schwarz).

Untergattung von *Aphyosemion* zurückgestuft. Obwohl diese *bivittatum*-Gruppe vom Aussehen so einzigartig unter den Prachtkärpflingen ist, ist das Verwandtschaftsverhältnis innerhalb von *Aphyosemion* so eng, so dass eine Trennung von ihnen sehr schwierig ist.

Das Verbreitungsgebiet ist der Küstenstreifen von Westafrika: Togo, Benin, Nigeria, Kamerun, Äquatorialguinea, Insel Bioko und der Norden von Gabun. Sie leben in kleinen Bächen und Gräben in Wäldern der Küstenebenen bis zu einer Tiefe von 50 Zentimetern. Sie wurden in den Wurzeln von *Anubias*, die in das Wasser hängen, und in den Zonen der abgelagerten Pflanzenabfälle gefangen.

Aphyosemion sind kleine Farbwunder. Je nach Stimmung verschwinden ihre Längsbänder, die Körperfärbung ändert sich, die Farben der Flossen werden intensiver und kaum wahrgenommene Punkte treten deutlicher hervor. Auch die Weibchen können ihre Längsbänder verlieren und dadurch ihre Farben verstärkt zeigen. Durch das Variieren der verschiedenen Farbstimmungen beim *Aphyosemion* kann es schnell zur Falschdiagnose kommen.

In der Untergattung *Aphyosemion* befinden sich zurzeit 25 gültige Arten, die man allesamt als Anfängerfische bezeichnen kann. Leider finden wir im Zoohandel sehr wenige davon. In den Verkaufsaquarien zeigen sie auch selten ihre Prachtfärbung und sehen wenig spektakulär aus.

1 *Aphyosemion riggenbachi* „Ndokndak" (Kamerun). **2** *Aphyosemion riggenbachi* „Nkouli-Ngnock" (Kamerun).

A. bitaeniatum hat das größte Verbreitungsgebiet mit der Ausdehnug im Küstenflachland von Togo, Benin und Nigeria. Eine noch unbeschriebene *Aphyosemion*-Population „sp. Niger" wurde 2002 bei Onitsha (Nigeria) gefangen. Im Grenzgebiet zwischen Nigeria und Kamerun liegt das Verbreitungsgebiet von *A. bivittatum.*

Obwohl sich die Populationen von *A. bivittatum* gut von anderen *Aphyosemion*-Arten unterscheiden, können sie in drei biologische Arten eingeteilt werden. Artkennzeichen ist ein dunkler Fleck an der Basis der Caudale.

Beide Arten, *A. bitaeniatum* und *A. bivittatum,* sind beliebte Fische, die im Zoohandel oft zu finden sind.

Der Größte in dieser Untergattung *Aphyosemion* ist *A. riggenbachi* mit acht Zentimetern, der zwischen den Flüssen Wouri und Sanaga in Kamerum vorkommt. Obwohl sich die Populationen *A. riggenbachi* fast alle gleichen, können sie in fünf biologische Arten eingeteilt werden.

Das Verbreitungsgebiet von *A. loennbergii* liegt in Kamerun südlich des Flusses Sanaga bis zur Straße von Kribi nach Südwesten.

Der Lebensraum von *A. pamaense* ist die Umgebung der Ortschaft Pama, Kamerun, im Küstenstreifen zwischen Edéa und Kribi.

3 *Aphyosemion loennbergii* (32 km von Kribi nach Akok, (Kamerun)). **4** *Aphyosemion pamaense* „Pama" (Kamerun).

5 *Aphyosemion splendopleure* „Tiko“.
6 *Aphyosemion splendopleure* „Bioko“.

In der Vergangenheit wurden alle *A. splendopleure* auf Sedimentböden, die sich im Küstenbereich Westkameruns, im Anschluss an das südliche Verbreitungsgebiet von *A. bivittatum* (unterhalb der Stadt Funge) bis Nordgabun befinden, so bezeichnet. Diese Art variiert sehr stark in den Farbformen (Färbungsmuster, Erscheinungsbild), und so führten einige Autoren eine Splittung in Phänotypen und ‚spec.‘ durch. Diese wurden später als selbstständige Arten beschrieben. Dadurch entstanden bis 2018 achtzehn neue Arten.

A. splendopleure ist nach den DNA-Untersuchungen durch Agnèse nur noch an folgenden Fundorten zu finden: am Beschreibungsfundort Tiko (Kamerun), an der Küste bei Bimbia und auf der Insel Bioko, trotz unterschiedlicher Farbmuster. Auch einige noch unbeschriebene *Aphyosemion* im Küstenstreifen zwischen Kribi und Campo (Kamerun) sind nahe Verwandte von *A. splendopleure*.

Aphyosemion volcanum Kake II (vom Beschreibungsfundort, Kamerun).

1 *Aphyosemion poliaki* „Mamu" (Kamerun). **2** *Aphyosemion poliaki* (volcanum) „Mille 29 Muyuka" (Kamerun).

A.-volcanum-Fundorte befinden sich in Kamerun: südlich von Funge, südlich von Chutes d'Ekom bis Muyuka und einige bei dem Fundort Moliwe. Die westliche Grenze ist das „*Riggenbachi*"-Gebiet (Wouri-River Kamerun).

Amiet besuchte von 1987 bis 1989 die Osthänge des Mont Kamerun und wies auf die Unterschiede der beschriebenen Art zum Fundort Kumba hin. Er beschrieb 1991 daraufhin diese Fundortpopulationen unterhalb der Osthänge des Mont Kamerun als *A. poliaki.*

3 *Aphyosemion omega* „Kopongo" (Kamerun). **4** *Aphyosemion koungueense* „Mouanko" (Kamerun).

Es gibt einige *Poliaki*-Populationen, die nach DNA-Untersuchungen durch Agnèse zu *A. volcanum* zählen. Sie leben südlich von Muyuka. Eine bekannte Population ist „Mile 29", eine der Bewohner der Übergangszone von *A. poliaki* nach *A. volcanum*.

A. koungueense und *A. omega* sind eng verwandt mit *A. splendopleure*. Das Hauptverbreitungsgebiet liegt im Küstenflachland zwischen Douala und Kribi. *A. omega* findet man nördlich von Edéa bis Bonépoupa im südlichen *Riggenbachi*-Gebiet. Oft findet man *A. omega* und *A. riggenbachi* in einem Biotop.

1 *Aphyosemion melinoeides* „Akok" (Südkamerun). **2** *Aphyosemion punctulatum* „Bibabimwoto" (Südkamerun). **3** *Aphyosemion lugens* „Afan Essokie" (Südkamerun).

Einige verschiedene Arten der Untergattung *Aphyosemion* im Süden Kameruns sind: an der Straße von Kribi nach Ebolowa *A. melanogaster* und *A. melinoeides* und im Grenzgebiet zu Äquatorialguinea *A. punctulatum* und *A. lugens*.

Erst im Jahre 2000 brachten einige Spanier und Holländer *Aphyosemion*-Populationen aus Äquatorialguinea ins Hobby. Alle diese Fische wurden als *Aphyosemion* sp. Rio Muni zur Zucht verteilt. Dr. Malumbres ist Veranstalter mehrerer Sammelreisen nach Äquatorialguinea. Ihm zu Ehren erfolgte 2006 die erste Beschreibung als *A. malumbresi*. Diese Fische kommen aus dem Norden von Äquatorialguinea.

Entlang des Ecucu-Rivers befinden sich die Biotope von *A. ecucuense* und im Süden von Äquatorialguinea der des *A. erythron*. Beide wurden 2007 beschrieben.

Aphyosemion melanogaster „Pongo" (Südkamerun).

1

2

3

Aphyosemion malumbresi „Ndyiacom" (Nordäquatorialguinea).

Aphyosemion ecucuense „Ecucu-River" (Äquatorialguinea).

Aphyosemion erythron (Südäquatorialguinea).

Die *Aphyosemion* im Norden von Gabun zählten früher zu der Art *A. splendopleure*. In der alten Literatur findet man einen blauen *Aphyosemion* mit der Beschriftung „Grüner Glanzprachtkärpfling Cap Esterias". 1998 wurde er als *A. alpha* beschrieben.

Eine weitere Population aus dem Norden von Gabun, unterhalb des Mont de Cristal nahe Engong Kouame, wurde 1999 als *A. kouamense* beschrieben.

Im April 2014 besuchte der Franzose Laurent Chirio erstmals den Wonga-Wongué National Park in Gabun. Dieses Gelände gehört dem Präsidenten und ist nicht öffentlich zugänglich. Das ist wahrscheinlich der Grund, dass diese *Aphyosemion* zuvor nicht entdeckt wurden. Im April 2014 und März 2016 wurden dort 14 neue Populationen gefunden, von denen im Dezember 2018 sechs neu beschrieben wurden. Überraschend waren die unterschiedlichen Farbmuster dieser Fische.

Die Identifizierung der *Aphyosemion* ist nicht immer einfach, diese Zweistreifen-Prachtkärpflinge können durch Stimmungen verschiedene Farbmuster zeigen. Das erschwert zusätzlich die Einteilung in Arten. Gerade die Arten *A. volcanum* und *A. splendopleure* sehen sich sehr ähnlich, sind nach DNA aber getrennt. Von der einst großen *Splendopleure*-Gruppe ist fast nur noch die Population vom Beschreibungsort Tiko erhalten.

Schade, dass diese einzigartige Untergattung *Aphyosemion* mit deutlich zu erkennenden Unterschieden als Gattung zurück in die *Aphyosemion*-Gruppe gestuft wurde.

1 *Aphyosemion alpha* „Santa Clara" (Nordgabun).
2 *Aphyosemion kouamense* „Nveng Ayong" (Nordgabun).
3 *Aphyosemion aurantiacum.* **4** *Aphyosemion flavocyaneum.* **5** *Aphyosemion rubrogaster.*

1
2
3
4
5

Untergattung Kathetys

Typusart *Aphyosemion exiguum*

Temperatur	18-22 °C
Leitwert	200-300 µS/cm
dH	4-10°
pH	6-7
Zucht	Wollmopp oder Fasertorf
Wasser-lagerung	3 Wochen
Trocken-lagerung	3 Wochen
Lebenser-wartung	4 Jahre

Arten:

- *Aphyosemion bamilekorum*
- *Aphyosemion bualanum (= elberti)*
- *Aphyosemion dargei*
- *Aphyosemion elberti*
- *Aphyosemion exiguum*
- *Aphyosemion kekemense*

Aphyosemion bamilekorum „Bafounda" (Kamerun).

Im deutschsprachigen Raum benutzt man den Namen Rotstreifen-Prachtkärpfling für *Aphyosemion elberti*. Diese deutsche Bezeichnung würde bis auf eine Ausnahme – die Männchen von *A. bamilekorum* zeigen diese roten vertikalen Streifen nicht – auch zu den anderen Vertretern dieser Gruppe passen.

Das Hauptverbreitungsgebiet dieser Untergattung ist das Landesinnere von Kamerun und der Westen der Zentralafrikanischen Republik. Ihr Lebensraum sind bewaldete Bäche und Biotope in überwiegend stehenden, sumpfigen Gebieten, die ganzjährig Wasser führen und bis 1.200 m hoch liegen. Sie kommen aus kühleren Gegenden, darum benötigen sie im Aquarium eine Wassertemperatur von nur 18 °C bis 22 °C.

Aphyosemion dargei „Mbam" (Kamerun).

1 *Aphyosemion kekemense* „Kekem". **2** *Aphyosemion elberti* „Ngong" (Gelb) (Kamerun). **3** *Aphyosemion elberti* „Santchou" (Kamerun). **4** *Aphyosemion exiguum* „Zoulabot" (Kamerun).

Die Rotstreifen-Prachtkärpflinge *Aphyosemion elberti* (oder *A. bualanum*, der Artenname ist strittig bei einigen Autoren) sind sehr variabel und kommen in gelben, roten und blauen Farbmustern vor. *A. dargei* trennt in Kamerun das Verbreitungsgebiet von *A. exiguum* südlich des Sanaga Rivers von *A. elberti* nördlich davon. *A. kekemense* ist nur aus der Umgebung der Ortschaft Kekem (Kamerun) bekannt. Die männlichen Fische zeigen im Gegensatz zu *A. elberti* (*A. bualanum*) gehäufter auftretende rote Querstreifen. Auch die Weibchen weisen ein anderes Farbmuster auf, bei ihnen fehlen die deutlichen Querstreifen auf dem hinteren Teil des Körpers.

Bei Wassertemperaturen über 20 °C laichen die meisten Arten der Untergattung *Kathetys* sehr schlecht.

Untergattung Mesoaphyosemion

Typusart *Aphyosemion cameronense*

Gesamtlänge	4-6 cm
Temperatur	18-22 °C
Leitwert	100-200 µS/cm
dH	4-8°
pH	6-7
Zucht	Nicht annuell, Wollmopp und Torf
Wasser-lagerung	3 Wochen

Cameronense-Artengruppe:

- *Aphyosemion amoenum*
- *Aphyosemion cameronense*
- *Aphyosemion etsamense*
- *Aphyosemion haasi*
- *Aphyosemion halleri*
- *Aphyosemion maculatum*
- *Aphyosemion mimbon*
- *Aphyosemion obscurum*

Die Untergattung *Mesoaphyosemion* ist ein Sammeltopf für einige *Aphyosemion*-Artengruppen, die verwandtschaftlich miteinander verbunden sind. Das Verbreitungsgebiet ist größtenteils das Landesinnere von Südkamerun, Equatiorial Guinea, Gabun und dem Kongo mit kühlen Wassertemperaturen.

Die *Cameronense*-Artengruppe ist vom Küstenflachland Südkameruns bis weit in das Landesinnere Ostkameruns verbreitet. Auch in Westäquatorialguinea und Nordgabun findet man *A. cameronense*. Diese Art variiert stark im Farbmuster und findet daher viele Liebhaber. Einige Liebhaber dieser Fische sammeln sie deshalb wie Briefmarken.

Killifischfänger benutzen oft Sammelcodes. In einer Liste wird der Fundort genauer beschrieben – oft auch mit GPS-Daten (z.B. Code-Nr.: GEB 99-22 = **G**abun **E**berl **B**lum 1999, Fundort 22).

Alle Arten dieser Artengruppe fühlen sich in den Sumpfgebieten mit kleinen Fließgewässern im Hochland von Gabun und Kongo wohl. Ihre wahre Schönheit zeigen sie im Licht einer Taschenlampe. Sie haben eine Gesamtlänge von 4-5 Zentimetern.

1 *Aphyosemion cameronense* „Ngoyang" (Kamerun). **2** *Aphyosemion amoenum* „Bodi" (Kamerun). **3** *Aphyosemion obscurum* (Kamerun). **4** *Aphyosemion mimbon* (Gabun).

3

4

1
2

Coeleste-Artengruppe:

- *Aphyosemion aureum*
- *Aphyosemion citrineipinnis*
- *Aphyosemion coeleste*
- *Aphyosemion cryptum*
- *Aphyosemion mandoroense*
- *Aphyosemion ocellatum*
- *Aphyosemion passaroi*

1 *Aphyosemion coeleste* (Gabun).
2 *Aphyosemion aureum* „Boudianguila“ (Gabun).
3 *Aphyosemion citrineipinnis* „Massika“ (Gabun).
4 *Aphyosemion ocellatum* „Nzenzele“ (Gabun).
5 *Aphyosemion ocellatum* „Sika“, GJS 2000-05.

Arten:

- *Aphyosemion hanneloreae*
- *Aphyosemion hanneloreae wuendschi*
- *Aphyosemion labarrei*
- *Aphyosemion punctatum*
- *Aphyosemion raddai*
- *Aphyosemion wildekampi*

Weitere Arten sind *A. hanneloreae* und *A. hanneloreae wuendschi,* die im Monts Bigourou–Nationalpark, im Grenzgebiet von Gabun und Kongo entdeckt wurden. Sie leben dort in kleinen Rinnsalen eines sumpfigen Baches im Bergland mit geringem Wasserstand.

A. labarrei hat ein kleines Verbreitungsgebiet südlich von Kinshasa in der Demokratischen Republik Kongo.

Die Fundorte von *A. wildekampi* liegen in Südostkamerun, der Südwestafrikanischen Republik und in Nordgabun. Eine weitere Art der *Wildekampi*-Artengruppe, *A. punctatum*, kommt in Nordgabun vor, von Makokou aus nach Osten in Richtung Nordkongo. Diese Fische aus dem Hochland leben in kühleren Regenwaldbächen.

A. raddai findet man an den Hängen des südlichen Kamerun-Plateaus, in einem Gebiet zwischen den Flüssen Sanaga und Nyong. Sie leben dort in Regenwaldbächen mit oft wärmeren Temperaturen, in denen sich auch *Chromaphyosemion loennbergii* tummeln. *A. raddai* bewältigt im Gegensatz zu den meisten Arten der Untergattung *Mesoaphyosemion* Wassertemperaturen von 24 °C.

1 *Aphyosemion hannelorae wuendschi* „BSWG 1997-19" (Gabun). **2** *Aphyosemion labarrei* „Kingembe, Inkisi River" (Demokratische Republik Kongo). **3** *Aphyosemion* sp.aff. *wildekampi* „Nbateka" (Kamerun). **4** *Aphyosemion raddai* (verschiedene Fundorte in Kamerun).

3
4

Untergattung Iconisemion
Typusart Aphyosemion striatum

Aphyosemion striatum (Gabun).

Aphyosemion primigenium (Gabun).

Gesamtlänge	5-6 cm
Temperatur (Küstenstreifen)	22-24 °C
Temperatur (Hochland)	18-22 °C
Leitwert	100-300 µS/cm
dH	4-8°
pH	6-7
Zucht	Nicht annuell, Wollmopp und Torf
Wasserlagerung	3 Wochen

Striatum-Artengruppe:

- *Aphyosemion escherichi*
- *Aphyosemion exigoideum*
- *Aphyosemion primigenium*
- *Aphyosemion striatum*

Die Untergattung *Scheelsemion* ist eine Gruppe mit verschiedenen Artengruppen, die von Jean H. Huber im Februar 2014 neu erstellt wurde. Verbreitet ist diese Untergattung in Äquatorialguinea, Gabun, im Kongo und in der Demokratischen Republik Kongo. Ein beliebter Killifisch dieser Gruppe ist *A. striatum*. Er kommt aus dem Küstenstreifen von Äquatorialguinea und Nordgabun. Im Zoohandel wird er als „Gestreifter Prachtkärpfling" angeboten.

A. escherichi ist mit sechs Zentimetern etwas größer. In einem großen Verbreitungsraum lebt er im Küstenstreifen von Nordgabun bis zum Süden der Demokratischen Republik Kongo.

Anfangs war ich der Überzeugung, dass diese Fische zur Zucht kühlere Wassertemperaturen benötigten. Da meine kühleren Becken alle belegt waren, kamen sie in ein gut bepflanztes mit 25 °C. Nach etwa drei Wochen sollten sie zur Zucht angesetzt werden. Beim Herausfangen der Fische bemerkte ich, dass schon etwas Winziges an der Oberfläche schwamm. Zu meiner Freude hatten meine *A. escherichi* bereits für Nachwuchs gesorgt.

Aphyosemion exigoideum (Gabun).

Aphyosemion escherichi (Kongo).

Aphyosemion cameronense „VAB 2016-21" (Kamerun) Untergattung Mesoaphyosemion.

Aphyosemion gabunense (Gabun).

Gabunense-Artengruppe:

- *Aphyosemion boehmi*
- *Aphyosemion gabunense*
- *Aphyosemion marginatum*

1 *Aphyosemion ogoense* „Mongouango" (Gabun). **2** *Aphyosemion ogoense* (Kongo). **3** *Aphyosemion louessense* „Mbaka FCCO 2013-11" (Kongo).

Aphyosemion marginatum „Bengui" (Gabun).

Ogoense-Artengruppe:

- *Aphyosemion caudofasciatum*
- *Aphyosemion jeanhuberi*
- *Aphyosemion louessense*
- *Aphyosemion ogoense*
- *Aphyosemion ottogartneri*
- *Aphyosemion pyrophore*
- *Aphyosemion zygaima*

Alle drei Arten dieser Gruppe haben ein kleines Verbreitungsgebiet in der Küstenzone von Gabun, westlich des Inlandplateaus zwischen Lambaréné und Fougamou. Sie leben in Bächen im Sekundärwald und im Buschland. Nördlich von *A. marginatum* beginnt die Verbreitung von *A. striatum*. Südlich an den Lebensraum grenzt das Gebiet von *A. exigoideum*. Alle Arten sind leicht in der Zucht und werden mitunter im Zoohandel angeboten.

1
2
3

1

2

3

1 *Aphyosemion louessense* „RPC 1978-33" (Kongo). 2 *Aphyosemion pyrophore* „Komono RPC 1982-2" (Kongo). 3 *Aphyosemion jeanhuberi* „COFE 2010-3."

Verbreitet ist die Artengruppe „Ogoense" im Süden Gabuns und im Kongo. Erst ab 2010, nach jahrzehntelangen Unruhen im Kongo, war es wieder möglich, das Land zu besuchen. Durch mehrere Sammelreisen konnten verstärkt Arten, die aus dem Hobby fast verschwunden waren, wieder eingeführt werden. Die zahlreichen Entdeckungen ergaben auch neue Erkenntnisse über die variierenden Farbmuster der Arten.

Aphyosemion bitteri „GEM 2014-1" Gabun.

Aphyosemion mengilai „GEM 2006-5" (Gabun).

In den Jahren 2013 bis 2015 bildete sich durch drei Neubeschreibungen diese neue Artengruppe aus dem nördlichen Massif du Chaillu, Gabun. Für die Bildung einer Artengruppe benutzt man gerne gemeinschaftliche Körperformen, Färbungsmuster oder bestimmte Merkmale der männlichen Fische. Hier ist ein gleiches Färbungsmuster der Weibchen die Verbindung. Zu finden sind diese Prachtkärpflinge in kleinen, schnell fließenden Bächen. Bei nicht zu warmen Temperaturen bis 22 °C gelingen problemlos Nachzuchten. Diese friedlichen Fische haben eine Gesamtlänge von etwa fünf Zentimetern.

Grelli-Artengruppe:

- *Aphyosemion bitteri*
- *Aphyosemion grelli*
- *Aphyosemion mengilai*

Arten:

- *Aphyosemion buytaerti*
- *Aphyosemion cyanoflavum*
- *Aphyosemion hera*
- *Aphyosemion hofmanni*
- *Aphyosemion joergenscheeli*
- *Aphyosemion schluppi*
- *Aphyosemion thysi*
- *Aphyosemion wachtersi*
- *Aphyosemion wachtersi mikeae*

Aphyosemion joergenscheeli (Gabun).
Einige noch ungruppierte Arten der Untergattung *Iconisemion* kommen aus Gabun und dem Kongo.

A. joergenscheeli findet man in schnell fließenden Bächen bei 20 °C Wassertemperatur in Zentral-Südgabun. Die Zucht eignet sich in erster Linie für Killifisch-Spezialisten, die aber damit auch oft Probleme haben. Die Eier werden nicht richtig befruchtet oder die Weibchen werden von den Männchen zu stark getrieben, sodass es zum Ausfall des Weibchens kommt. Ein dänischer Killifischfreund, der diese Fische 2000 aus Gabun mitbrachte, ist einer der wenigen, die diesen Prachtkärpfling erhalten konnten. Ihm verdanken wir, dass er noch auf internationalen Ausstellungen zu finden ist.

Untergattung Episemion

Typusart Aphyosemion callipteron

Gesamtlänge	5-6 cm
Temperatur	20-22 °C
Leitwert	100-200 µS/cm
dH	4-6°
pH	6-7
Zucht	Nicht annuell, Wollmopp und Torf
Wasser-lagerung	2 bis 3 Wochen

Arten:

- *Aphyosemion callipteron*
- *Aphyosemion krystallinoron*

A. Episemion callipteron „GEMGV 2012-11" (Äquatorialguinea).

DNA-Untersuchungen zeigten, dass *Episemion* nahe verwandt mit den *Aphyosemion*-Gruppen *Diapteron* und *Kathetys* sind. Das war der Grund, dass Huber 2014 bei der Überarbeitung der Gattung *Aphyosemion* die *Episemion* als Untergattung in *Aphyosemion* stellte. Einige Autoren benutzen weiterhin den Gattungsnamen *Episemion* und auch die DKG hat sich dem angeschlossen.

Die Arten sind auf die Monts de Cristal in Nordgabun und Südost-Äquatorialguinea beschränkt, wo man sie in 20 °C kühlen Regenwaldbächen findet.

Berichten zufolge sind diese Fische schwer zu züchten und nicht produktiv. Probleme bereitet die Aggressivität des Partners. Zu einem hohen Prozentsatz verpilzen die Eier und die Fische sind empfindlich gegen *Oodinium*. Positiv zu bewerten ist, dass die Elterntiere nicht ihre Nachkommen fressen. Mit größeren Aquarien, ausreichenden Versteckmöglichkeiten und mit Wasserfiltern, die eine kleine Wasseroberflächenbewegung erzeugen, werden die Zuchtbedingungen verbessert.

1 *Aphyosemion hera* „Bengui" (Gabun). **2** *Aphyosemion buytaerti* „BSW 1999-03" (Gabun). **3** *Aphyosemion wachtersi*. **4** *Aphyosemion thysi* „COFE 2010-13".

Untergattung: Raddaella

Typusart *Aphyosemion batesii*

Gesamtlänge	7-10 cm
Temperatur	20-22 °C
Leitwert	100-200 µS/cm
dH	4-6°
pH	6-7
Zucht	Annuell, Fasertorf
Trocken-lagerung	3 bis 6 Monate Dauereier mit unterschiedlicher Entwicklungszeit

Arten:

- *Aphyosemion batesii*
- *Aphyosemion kunzi*
- *Aphyosemion splendidum*

Aphyosemion (Raddaella) splendidum „Lele" (Kamerun).

Einige Autoren sehen *A. kunzi* als ein Synonym für *A. batesii*. Verbreitet sind sie im Inlandplateau von Kamerun, in Äquatorialguinea, Gabun und dem Kongo. Sie leben in sumpfigen Bächen des Regenwaldes.

Als eine annuelle Art mit einer Gesamtlänge von zehn Zentimetern würde diese gut in die *Fundulopanchax*-Gattung passen. Von einigen Autoren wurde sie kurzzeitig auch dort geführt, andere sehen *Raddaella* als eine gültige Gattung. Es sprechen aber mehrere Details für die Zuordnung zu *Aphyosemion*.

Für die Zucht braucht man einige Erfahrungen mit annuellen Bodenlaichern. Die Eientwicklung kann sich von drei bis zu sechs Monaten hinziehen.

Aphyosemion (Raddaella) batesii (Äquatorialguinea).

Aphyosemion (Raddaella) kunzi (Gabun).

Zwerg-Prachtkärpfling
Gattung Fenerbahce

Gesamtlänge	3 cm
Temperatur	22-25 °C
Leitwert	50-100 µS/cm
dH	2-5°
pH	5,5-6,5
Zucht	Fasertorf
Wasser-lagerung	2 Wochen
Trocken-lagerung	5 bis 7 Wochen

Arten:

- *Fenerbahce devosi*
- *Fenerbahce formosus*

Dieser Zwerg-Prachtkärpfling gehört nicht in die *Aphyosemion*-Gattung. 1979 beschrieb Huber eine neue Art und Gattung (*Adamas formosus*), einen kleinen Killifisch aus der Republik Kongo. 2006 musste der Gattungsname in *Fenerbahce* geändert werden, weil der Name *Adamas* zuvor schon für ein Insekt vergeben war. Verbreitet sind sie in dichtbewachsenen kleinen Bächen und Flüssen des Kongos, südlich und nördlich von Kinshasa. Die Fische der Gattung *Fenerbahce* haben alle einen kleinen silberweißen Fleck auf der Kopfoberseite.

Die Zucht bietet sich eher für Spezialisten an. Die frisch geschlüpften Larven sind mit Infusorien anzufüttern. Erst nach zwei Wochen können Essigälchen und *Artemia* gefüttert werden.

Gut vergesellschaften kann man diese Zwerg-Prachtkärpflinge mit den kleinen Hechtlingen *Epiplatys annulatus*. Ausgewachsene Fische nehmen von der Wasseroberfläche auch *Drosophila* (kleine Fruchtfliegen). Ansonsten besteht das Hauptfutter aus *Artemia* und kleinem Tümpelfutter. Zum Wohlbefinden benötigen sie eine Schwimmpflanzendecke und Pflanzen im Hintergrund.

Fenerbahce devosi (Kongo) und rechts: *Fenerbahce formosus* (Kongo).

Haltung und Zucht von Killifischen

Wasserhärte und -enthärtung

Osmoseanlage.

Vor 30 Jahren haben meine Killifische noch im Leitungswasser für Nachzuchten gesorgt. Mittlerweile haben sich die Wasserwerte von einst auf einen Leitwert von 700 µs/cm erhöht. Mit zunehmender Wasserhärte legen die Prachtkärpflinge weniger Eier und ab etwa 500 µS/cm laichen sie gar nicht mehr. Ein Leitwert von 200 µS/cm bis 300 µS/cm ist ideal für die Killifische aus dem Küstenflachland West- und Zentralafrikas. Bei den Prachtkärpflingen aus dem Hochland mit kühleren Gewässern machte ich die Erfahrung, dass sie im weicheren Wasser bei einem Leitwert von etwa 100 µS/cm besser laichten.

Da also die Wasserhärte an vielen Orten zu hoch ist, muss das Wasser enthärtet werden. Einige Züchter nutzen dafür Regenwasser und mischen es mit Leitungswasser. Eine andere Möglichkeit ist die Verwendung einer Osmoseanlage, die das Wasser noch zusätzlich entgiftet. Meine erste Anlage hatte einen hohen Abwasseranteil von vier zu eins. Die neuen Osmoseanlagen besitzen einen Druckverstärker und haben dadurch weniger Wasserverschnitt. Immerhin geht noch für die Herstellung von einem Liter Osmosewasser ein Liter Spülwasser in den Abfluss. Die Osmoseanlage mit Druckverstärker benötigt einen Stromanschluss. Dies bringt den Vorteil, dass man die Anlage über eine Zeitschaltuhr steuern kann und sicher vor einem Überlauf des Wassertanks ist. Direkt nach einem Wasserwechsel werden die Tanks mit Osmose- und Leitungswasser wieder gefüllt, sodass immer gut abgestandenes Wasser zur Verfügung steht.

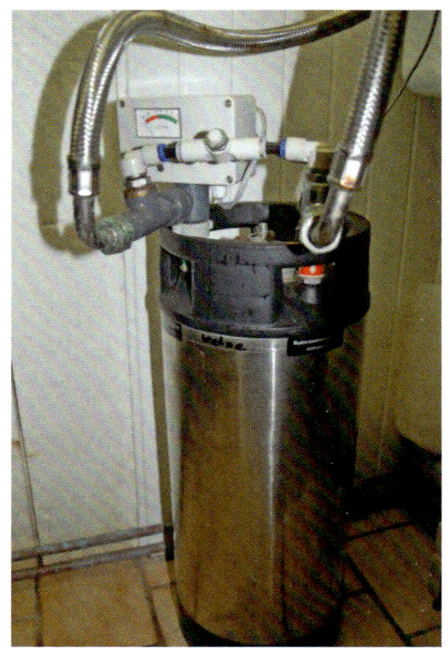

Mischbett-Wasservollentsalzungsanlage.

Wasserwechsel

Die bequemste Form des Wasserwechsels wird mithilfe einer Fasspumpe vorgenommen. Am Wasserschlauch sind ein Bogenablauf und ein Absperrventil befestigt. Bevor das Wasser in die Aquarien einläuft, lasse ich es für einige Sekunden in den Abfluss laufen, um das Restwasser aus der Pumpe und Ablagerungen im Schwammfilter der Pumpe zu spülen. Das Absaugen des Aquarienwassers geschieht mit einem Wasserschlauch, an dem ein Absperrventil mit Bogen und einem Klarsichtschlauch befestigt ist. Durch Öffnen und Schließen des Absperrventils kann so ein Wasserwechsel von Becken zu Becken durchgeführt werden. Etwa ein Drittel des Aquarieninhalts wird wöchentlich durch neues Wasser ersetzt. Einige Killifische reagieren empfindlich auf zu große Wasserwechsel und bekommen die Samtkrankheit *Oodinium*.

Der Wasserwechsel mit einer Fasspumpe ist sehr bequem.

Wassertemperatur und -werte

Zusätzlich zu der Wasserhärte ist die Wassertemperatur ein wichtiger Faktor zur erfolgreichen Zucht. Gerade bei einigen schwierig zu züchtenden Killifischen ist ein Hauptgrund für das Misslingen, dass die kühlen Temperaturen nicht gehalten werden. Prachtkärpflinge West- und Zentralafrikas aus dem Küstenflachland vertragen Temperaturen um 24 °C, Fische aus dem Hochland des Landesinneren brauchen kühle Wassertemperaturen von 18 °C bis 22 °C. Bei einem pH-Wert von 6,5 entwickeln sich die meisten Prachtkärpflinge gut. Oft vertragen sie auch Werte von 6 bis 7,5 ohne Probleme. Auch die Zucht bei vielen Prachtkärpflingen funktioniert bei einem neutralen pH-Wert um 7 gut. Bei den anderen Wasserwerten (Nitrit, Nitrat) verhält es sich wie bei allen Fischen – liegen sie im guten Bereich, gibt es keine Probleme bei der Zucht.

1 Das Wasser läuft in das Aquarium.
2 Wasserschlauch für den Wasserwechsel mit Absperrventil.

Messgeräte

Um die Wasserhärte zu kontrollieren, reicht ein einfacher digitaler Leitwertmesser (20 € bis 30 €). Solange das Osmosewasser einen Wert von 20 µS/cm bis 30 µS/cm am Messgerät zeigt, ist die Osmoseanlage in Ordnung und ich kann davon ausgehen, dass mein Gerät korrekt gemessen hat.

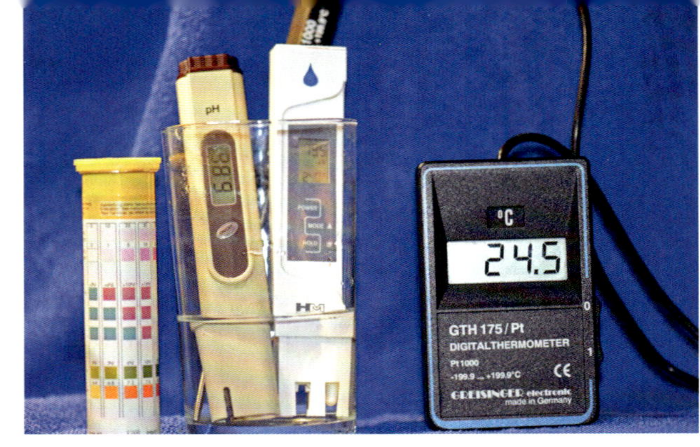

Wasserwerte messen.

Auch für den pH-Wert reicht ein preiswertes digitales pH-Messgerät. Gut sind die Geräte, die man mit einem Schraubendreher kalibrieren und in einer Eichlösung von pH 4 und pH 7 einstellen kann. Auch ein digitales Temperaturmessgerät kann sehr hilfreich sein, wenn man zum Beispiel etwas kühleres Wasser für den Aufguss benötigt. Für die anderen Wassermessungen reichen die üblichen Streifen zum Schnelltest von wichtigen Parametern auf einen Blick.

Roloffiakärpfling, *Nimbapanchax jeanpoli* „Daro" (Guinea).

Laubblätter – Hilfe bei Krankheiten

Die natürlichen Lebensräume vieler Prachtkärpflinge liegen in Waldgebieten, wo das Laub in die Gewässer fällt. Viele Laubsorten haben Eigenschaften, die das Immunsystem stärken und pilzhemmend wirken. Einige für uns interessante Laubsorten von beispielsweise Buche, Eiche und Wallnussbaum kann man in unseren Wäldern sammeln. Für den längeren Einsatz im Aquarium eignen sich Buchen- und Eichenblätter. Im Gegensatz zu vielen anderen geeigneten Laubblättern haben sie eine geringe Zersetzung und das Wasser verfärbt sich nur leicht. Wallnusslaub werden gute Eigenschaften in Bezug auf Krankheitsprophylaxe nachgesagt, sein Nachteil ist die schnelle Zersetzung. Durch das Einbringen der Blätter in einem verschlossenen Damenstrumpf kann man sie nach einiger Zeit gut aus dem Becken entfernen. Seemandelbaumblätter werden besondere positive Wirkungen nachgesagt. Vor einiger Zeit hatte ein Männchen ein Weibchen sehr stark attackiert. Ich musste das verletzte Tier herausfangen und setzte es in ein 12-Liter-Becken mit einem Filter. Die Aquarieneinrichtung bestand aus den Tonscherben eines Blumentopfes und einem kleinen Blatt des Seemandelbaums. Nach etwa zwei Wochen hatte sich das Weibchen sehr gut erholt. Der Zersetzungsgrad ähnelt dem der Wallnussblätter. Die Blätter sind daher weniger für einen Dauereinsatz geeignet. Man kann auch verschiedene Laubblätter mischen und sie in einem Damenstrumpf verschließen. Auf diesem Wege können auch erkrankte Tiere genesen. Auch Erlenzapfen sollen gute Eigenschaften zur Vorbeugung von Fischkrankheiten haben. Ich benutze sie nicht gerne, weil sie das Wasser stark einfärben. In mein Zuchtansatzbecken gebe ich zwei bis drei Laubblätter von Eichen oder Buchen. So wird meistens vermieden, dass sich Pilze auf Stoß- und Bisswunden setzen.

Seemandelbaumblätter in einem Aquarium für leicht verletzte Fische.

Killifischzucht

Meine Zuchtanlage

Die kleinen Killifische aus Westafrika erweckten mehr und mehr mein Interesse und so fehlten mir zunehmend kleinere Becken. Ich entschied mich für den Bau einer neuen Aquarienanlage auf Aluminiumsteckgestellen. Die größten Becken haben mit den Maßen 40 x 60 x 40 cm etwa 100 Liter Wasservolumen. Die kleineren Becken (Zuchtansatzbecken) haben eine Größe von 20 x 30 x 20 cm. Zwei große Becken à 600 Liter dienen der Wasseraufbereitung. Für den Gruppenzuchtansatz stehen mir einige Becken von 50 bis 70 Liter Beckeninhalt zu Verfügung. Durch die optimale Ausnutzung des Kellerraums und die Umstellung auf kleinere Becken konnte ich die Beckenzahl von 40 auf 120 Becken erhöhen.

Kellerzuchtanlage eines Freundes.

Beleuchtung

Die Beleuchtung für all meine Aquarien besteht aus drei 120er-Neonröhren, die vor einigen Jahren auf LED-Röhren umgestellt wurden. Wände und Decke sind mit Styropor verkleidet, sodass das Licht in den Becken reflektiert wird. Das Licht reicht in den oberen Aquarien für den Pflanzenwuchs von *Anubias*, Javamoos und Javafarn. Das Ein- und Ausschalten der Lampen geschieht über eine Zeitschaltuhr. In der Nacht brennt ein LED-Nachtlicht. Um die Fische in den schönen Farben zu sehen, benötigt man darüberhinaus eine Taschenlampe.

Um die Fische in ihren schönsten Farben zu sehen, benötigt man eine Taschenlampe.

Heizung

Für die passende Raumtemperatur sorgen bei mir Kupferrohre, die am Boden unter den Aquarien verlegt wurden. Sie werden über ein Thermostat mit Fernfühler gesteuert. Gerade in Kellerräumen mit kaltem Boden verhindert diese Methode, dass sich Feuchtigkeit am Boden absetzt und sich dadurch Schimmel bildet. Die niedrigste Wassertemperatur liegt bei etwa 22 °C bis 24 °C. Bei der damaligen Planung wusste ich noch nicht, dass ich für einige Killifische Temperaturen von 18 °C bis 20 °C benötige. Wahrscheinlich hätte ich sonst die Kupferrohre in einer Ecke nicht verlegt. Nun verbleiben mir nur einige wenige Becken im Innenraum, die diese niedrige Temperatur von 20 °C erreichen.

Luftpumpen und Filter

Die Luftversorgung für die Innenfilter erfolgt über einige große Luftpumpen, die nah unter der Decke montiert wurden. Ein Gebläse kühlt die Pumpen und verteilt die Wärme in den Raum. Für die Luftverteilung in die verschiedenen Aquarien benutze ich Schläuche und Absperrventile eines Bewässerungssystems. Der Wasserfilter besteht aus einer Plastikschüssel, Flaschentrichter, Filterwatte und Kies. Gerade die Handlichkeit durch schnelles Umsetzen macht den Filter so beliebt. Wird er in einem Aquarium gerade nicht benötigt, kommt er nebenan ins Becken. Auch die kleinen Schwammfilter sind im Dauereinsatz in einem Aquarium platziert. Bei Bedarf sind sie sofort einsatzbereit, z.B. nach einem Aufguss des Zuchtansatzes.

Luftversorgung (Gardena-Bewässerungssystem, Luftpumpe und Gebläse, Beleuchtung durch LED-Neonröhren).

Luftfilter (Plastikschüssel, Flaschentrichter, Filterwatte und Kies).

Zuchtansatz

Zuchtansatzbecken, Einrichtung mit Wollmopp.

Für den Zuchtansatz eignet sich ein Becken von 20 x 30 x 20 cm, gut abgedeckt mit einem Innenfilter. Gerade die westafrikanischen Prachtkärpflinge sind gute Springer, die den kleinsten Spalt finden, um aus dem Becken zu hüpfen. Eine optimale Abdeckung für das Becken kann man leicht selber herstellen. An die schmale Beckenseite klebt man eine 30 Millimeter lange Glasleiste, die an einer Seite einen Spalt von sechs Millimetern (Luftschlauch) hat. Der Klebepunkt liegt etwa 20 Millimeter unter dem oberen Beckenrand. Durch die schräge Stellung der Scheibe wird der Schlauch in die Ecke gedrückt. Nach vorne steht die Scheibe etwas über dem Beckenrand, sodass man sie dort anheben kann. Die Filterung besteht aus einem luftbetriebenen Eckfilter. Möglich sind auch kleine Schwammfilter. Einige Tonscherben dienen als zusätzliche Rückzugsräume für die Weibchen. Im hinteren Teil des Beckens klemme ich Sera biofibres (Filtermaterial) hinter dem Filter ein. Dieser Ersatz für Pflanzen bringt zusätzliches Wohlbefinden und Rückzugsmöglichkeit für die Fische. Wer möchte, kann noch einige Eichen- oder Buchenblätter ins Wasser geben. Dieses Aquarium bietet Platz für ein Männchen und ein bis zwei Weibchen für einen Zuchtansatz von ein bis zwei Wochen.

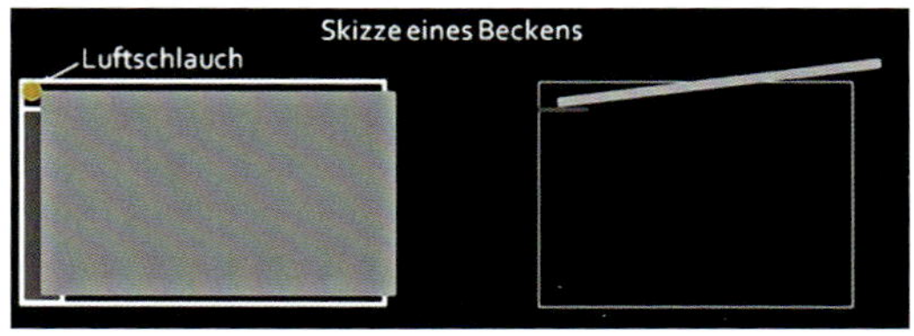

Zuchtansatzbecken, 20 x 30 x 20 cm mit Abdeckscheibe.

Ablaichsubstrat

Zuchtansatzbecken, Einrichtung mit Fasertorf.

Das Ablaichsubstrat besteht aus Fasertorf oder einem Wollmopp. Man kann auch beides zusammen benutzen. Im Wollmopp kann man die Laichbereitschaft besser kontrollieren. Die Wolle sollte aus Kunstfasern bestehen. Vor dem ersten Gebrauch sollte sie kurz in kochendes Wasser getaucht und dann unter dem Wasserstrahl gut gespült werden. Den Wollmopp befestigt man an einem Korken; die Wollfäden sollten lang genug sein, um sie in eine Schale zu legen. Bei Bodenlaichern kann man auch einen Wollmopp ohne Korken in eine Schale legen. Ein weiteres gutes Ablaichsubstrat ist Fasertorf. Um den Torf vor Verunreinigungen zu schützen, gebe ich ihn in eine Glasschale. Man kann auch eine Plastikschale mit einigen Steinen benutzen. Der Torf wird vor der Verwendung so lange gekocht, bis er zu Boden sinkt.

Aggressives Verhalten der Killifische

Beim Erwerb neuer Killifische sollte man versuchen, mindestens zwei Pärchen zu bekommen. Oft hat der Züchter in der Nachzucht zu viele Männchen, sodass er keine zusätzlichen Weibchen abgeben mag.

Die Tiere werden paarweise in ein Zuchtansatzbecken (12 Liter) eingesetzt. Sollte sich ein Männchen agressiv gegenüber dem Weibchen zeigen, wäre es ratsam, das Weibchen auszuwechseln oder dem nicht so aggressiven Männchen zwei Weibchen zu geben. Nach Möglichkeit sollte man sofort mit der Zucht beginnen. Das bedeutet, täglich Eier aus dem Wollmopp zu suchen oder den Torf nach einigen Tagen auszuwechseln. Wenn die Zucht erfolgreich verläuft, hat man etwa nach einem halben bis einem Jahr ausgefärbte Jungfische. Die ersten Männchen beginnen nun mit ihren Machtkämpfen. Beim Imponiergehabe zeigen sie jetzt ihre volle Farbenpracht. Solange die Zuchtgruppe unter sich bleibt, sind sie einigermaßen friedlich, man sollte daher nicht versuchen, Paare herauszunehmen und nach dem Zuchtansatz wieder zurückzuführen. Nicht ratsam ist das Ausgleichen des Geschlechterverhältnisses mit Tieren aus einem anderen Zuchtansatz. Wenn man diese Regeln beachtet, kommt es in den seltensten Fällen zu einem Ausfall der Tiere.

Diese etwas kleinbleibende *Fundulopanchax marmoratus* (6cm) finden noch Platz in einen kleinen Zuchtansatzbecken.

Ablegen der Eier auf Torf

Beim Ablesen der kleinen klebrigen Eier von einem Wollmop hat man oft Probleme, diese vom Finger zu entfernen. Man kann sie in einem mit Aquarienwasser gefüllten Wasserglas abschütteln. Man könnte sie auch im Wasserglas oder einem Behälter lagern, da aber die Eier im Wasser oft aneinanderliegen, besteht die Gefahr, dass bei der Verpilzung eines Eies auch andere Eier befallen werden. Deshalb empfiehlt es sich, sie auf nassem Fasertorf verteilt abzulegen. Verpilzte Eier können so auch besser erkannt und entfernt werden. Der Torf sollte zuvor gut ausgekocht sein, damit er das Wasser nicht zu stark ansäuert, da es sonst zum Absterben der Eier kommen kann. Bei einer Nasslagerung von etwa 14 Tagen nehme ich eine etwas größere Schale und wechsele zwischenzeitlich das Wasser. Die Laichkörner aus dem Wollmopp für die Trockenlagerung lege ich zuvor für einige Tage auf nassem Torf ab. Seit einiger Zeit benutze ich dafür Torfgranulat, das vor dem Gebrauch so lange gekocht wird, bis es auf den Boden absinkt. Es hat gegenüber dem Fasertorf Vorteile beim mehrmaligen Trockenlegen. Beim vorsichtigen Abgießen klebt das feuchte Substrat an den Wänden, sodass man die geschlüpften Larven besser vom Torfgranulat trennen kann.

Eiablage auf nassem Fasertorf.

Trockenlagerung des Torfansatzes

Früher haben die Killifische bei mir hauptsächlich auf Fasertorf abgelaicht. Die Torfbehälter wurden aus dem Becken entfernt, über einem feinmaschigen Fangnetz ausgegossen und mit der Hand ausgedrückt. Der Fasertorf wurde dann aufgelockert auf Küchenpapier abgelegt und nach etwa zwei bis drei Stunden Trockenzeit in eine Plastiktüte gesteckt, mit Gummiband verschlossen, beschriftet (Name, Datum, Notizen) und auf den oberen Aquarien (25 °C) gelagert. Seit einiger Zeit laichen auch die annuellen Killifischarten bei mir in einer Schale mit Wollmopp. So kann man die abgesuchten Eier auf nassem Torfgranulat ablegen. Spätestens nach einer Woche wird das Wasser abgegossen und für einige Stunden auf Küchenpapier abgelegt. Danach wird der Ansatz in einer Plastiktüte verschlossen und zur weiteren Eientwicklung einige Wochen oder Monate (je nach Art) gelagert.

Mehrfaches Trockenlegen

Das Trockenlegen hört sich einfach an, aber wie bekomme ich die winzigen Fische aus dem Fasertorfansatz? In der Literatur liest man oft, dass die Larven von der Wasseroberfläche mit einem Löffel abgeschöpft werden. Ich habe mit einem kleinen Wasserglas bessere Erfolge erzielt. Die meisten Larven fand ich im Torf versteckt. Auch das Abgießen der Laven aus dem Fasertorf war nicht zufriedenstellend. Vor einiger Zeit bekam ich einen Zuchtansatz auf Torfgranulat und bemerkte, dass hier das Trennen der Jungfische aus dem Ansatz für ein weiteres Trockenlegen wesentlich besser klappte. Einige meiner Killifischfreunde benutzen gerne als Ersatz für Torf auch Kokosfasern oder Kokuserde. Bevor der Ansatz in die Tüte kommt, wird er zum Trocknen zwei bis drei Stunden auf Küchenpapier abgelegt. Nach drei bis vier Wochen wird erneut aufgegossen.

Aufgießen des Zuchtansatzes

Beim Trockenansatz kann man zuvor den Reifeprozess der Eier kontrollieren. Die schlupfreifen Laichkörner sind nicht leicht zu finden, da sie sehr dunkel sind. Aufgegossen wird der Ansatz mit weichem (100 µS/cm), kühlem (20 °C) und abgestandenem Wasser in einer Plastikbox von etwa drei bis vier Zentimeter Wasserstandshöhe. Darein gebe ich eine Spritze mit 20 ml Essigälchen. Aufgegossen wird am Nachmittag, sodass am anderen Morgen der Torf abgesackt ist und die geschlüpften Larven besser zu erkennen sind. Normalerweise müsste man jetzt einige Winzlinge im Behälter entdecken, eventuell muss aber noch bis zum Abend für eine neue Trockenlagerung gewartet werden. Schwimmen genügend Larven im Ansatz, wird tropfenweise der Behälter gefüllt und ein kleiner Schwammfilter kommt zum Einsatz. Je nach Größe der geschlüpften Larven wird mit Essigälchen, Pantoffeltierchen und *Artemia* gefüttert. Sind zu wenige oder keine geschlüpften Larven im Becken zu finden, wird der Ansatz erneut trockengelegt.

Aufgießen des Zuchtansatzes mit Torfgranulat in einer Plastikbox.

Wird bei der Wasserlagerung zu lange gewartet, sind die ersten Larven schon geschlüpft. Der Ansatz wird vorsichtig in eine Plastikbox gekippt und mit abgestandenem, weichem (100 µS) Wasser gefüllt. Die Eier der Fische aus kühlen Gewässern brauchen kaltes Wasser von 18 °C bis 20 °C. Ein Schwammfilter kommt sofort zum Einsatz. Meist dauert es einige Tage, bis alle Larven ihre Eier verlassen. Auch wenn noch keine geschlüpften Larven zu erkennen sind, gebe ich mit einer Spritze 20 ml Essigälchen ins Wasser. Diese Fadenwürmer überleben dort mehrere Tage und verderben nicht wie die Salinenkrebse. Sobald sich einige Winzlinge im Ansatz tummeln, wird sofort mit Essigälchen, Pantoffeltierchen und *Artemia* gefüttert.

Das Aufzucht-
becken wird
tropfenweise mit
Wasser gefüllt.

Aufzuchtbecken

Nach ein bis zwei Wochen kommen die Jungfische in größere Aquarien. Diese Becken werden tropfenweise mit Wasser gefüllt. Einige Killifische reagieren empfindlich auf zu große Wasserwechsel und bekommen *Oodinium* (Samtkrankheit). Je nach der Größe der Fische wird Lebendfutter gefüttert. Nach einer Gewöhnung kann langsam Trockenfutter angeboten werden. Fische für die Zucht benötigen weiterhin Lebendfutter.

Aphyosemion Chromaphyosemion volcanum „Rivière Ngenge „ADK 2011-462".

Futtertierzucht

Essigälchen

Essigälchen sind kleine dünne Fadenwürmer von etwa 1 bis 2 Millimeter Länge. Sie sind ein gutes Futter für Fischlarven, wenn die Salinenkrebse noch zu groß sind. Ich bevorzuge sie auch, weil sie im Wasser mehrere Tage leben und nicht wie Salinenkrebse in den Ecken verderben. Sie sind ein guter Futtervorrat für spätschlüpfende Fischlarven. Ein weiterer Vorteil gegenüber Mikrowürmern ist, dass die Essigälchen im Zuchtansatz frei schwimmen. Mikrowürmer verkriechen sich im Torf und sterben dort ab. Essigälchen-Zuchtansätze benötigen kein zusätzliches Futter und können so mehrere Monate unkontrolliert abgestellt werden.

Zur sauberen Verfütterung von Pantoffeltierchen und Essigälchen benötigt man Spritze, Luftschlauch und Filterwatte.

Einen Zuchtansatz kann man ohne großen Aufwand durchführen. Die Kulturflüssigkeit besteht aus beispielsweise 200 ml Obstessig, 200 ml Wasser und einer kleinen Prise Zucker. Diese Mischung impft man mit einem bestehenden Ansatz an. Als Schutz vor Obstfliegen kommt ein Nylonstrumpf über die Öffnung des Gefäßes. Eine Kahmhaut, die sich gelegentlich bildet, kann durch Umrühren entfernt werden. Man kann Zuchtansätze aber auch bei einigen Zoofachhändlern oder Aquarienvereinen bekommen.

Für die saubere Verfütterung benötigt man eine 20-ml-Spritze, einen etwa 6 bis 10 Zentimeter langen Luftschlauch und etwas Filterwatte. Die Filterwatte wird mit einem Draht in den Schlauch gestopft, dabei an einer Seite etwa 2-3 Zentimeter Watte ziemlich stark festgedrückt. Der Schlauch wird mit der festen Watteseite auf die Spritze geschoben. Nun ziehe ich die Flüssigkeit mit den Essigälchen in die Spritze. Der Schlauch wird abgezogen und die Flüssigkeit aus der Spritze zurück in den Ansatz gespritzt. Das locker gestopfte Schlauchende wird nun auf die Spritze geschoben und alle in der Watte befindlichen Essigälchen werden mit sauberem Wasser in die Spritze gezogen. Die ersten 2 ml Flüssigkeit kommen zurück in den Ansatz, um die Kulturbrühe aus dem Schlauch zu ziehen. Nach der Reinigung der Spritze kann ich die restlichen Essigälchen aus dem Luftschlauch ziehen. Diese Flüssigkeit kann man nun problemlos auf die jeweiligen Aquarien verteilen.

Eine andere Möglichkeit, die Essigälchen aus der Kulturbrühe zu entfernen, besteht in der Verwendung einer Flasche mit einem langen Hals. Die Kulturflüssigkeit wird bis einige Millimeter über den Anfang des Halses der Flasche gekippt. In den Hals der Flasche wird ein Wattepfropfen bis einige Millimeter über die Kulturbrühe eingeschoben, der Kolben wird mit sauberem Wasser aufgefüllt. Nach einiger Zeit sammeln sich die Essigälchen, wahrscheinlich wegen des Sauerstoffmangels, über dem

Wattepfropfen im sauberen Wasser. Von dort können sie in eine 20-ml-Spritze mit Schlauch gezogen werden. Der Hals der Flasche wird wieder mit sauberem Wasser aufgefüllt. Nach zwei Tagen sind nur noch wenige Essigälchen im sauberen Wasser zu finden. Der Zuchtansatz muss jetzt gewechselt werden. Späterer Wechsel kann zu üblem Geruch führen. Etwas problematisch ist es, den Wattepfropfen zu entfernen. Besser geht es manchmal mit einem Schaumstoffstopfen (2 Zentimeter), der mit einem Faden befestigt wird.

Pantoffeltierchen

Pantoffeltierchen sind ein wichtiger Bestandteil des Ökosystems Süßwasser, sie leben in Flüssen, Teichen, Tümpeln und sogar in kleinen Wasserpfützen. Auch in der Killifischzucht sind sie ein gutes Erstfutter für die frischgeschlüpften Fischlarven. Wem ein Heuaufguss oder das Aufgießen mit Bananenschalen und Kohlrabischnitzeln zu viel Arbeit bereitet, der besorgt sich einen fertigen Zuchtansatz Pantoffeltierchen im Zoohandel oder bei einem Aquarienverein.

Der Zuchtansatz kommt in ein Glasgefäß von ein bis zwei Liter Inhalt, aufgegossen wird mit abgestandenem Wasser. Das Futter besteht aus einigen Tropfen Dosenmilch. Sobald die Brühe wieder klar geworden ist, wird wieder gefüttert. Man braucht etwas Fingerspitzengefühl, damit diese Milchkulturen nicht explosionsartig wachsen und es schnell zum Zusammenbruch des Zuchtansatzes kommt. Darum sollte nicht zu viel gefüttert und frühzeitig ein neuer Ansatz erstellt werden. Mit einigen Reiskörnern im neuen Zuchtansatz können die Pantoffeltierchen auch ohne Dosenmilchfütterung über einen längeren Zeitraum erhalten bleiben. Diese Kultur wächst nicht sonderlich schnell.

Die Entnahme der Pantoffeltierchen aus der Zuchtansatzbrühe funktioniert wie bei den Essigälchen.

Zuchtansätze mit Pantoffeltierchen und Essigälchen.

Mikrowürmer

Mikrowürmer sind kleine, etwa zwei Millimeter große Fadenwürmer. Sie leben in einem gärenden Zuchtansatz, der mit Bakterien durchsetzt ist. Die Mikrowürmer sind in den ersten Tagen ein gutes Futter für die Jungfischaufzucht, allerdings verkriechen sich diese Würmer schnell im Torf.

Zuchtansatz mit Mikrowürmern.

Als Zuchtbehälter eignet sich eine Margarinedose mit Deckel. Noch besser sind höhere Gläser mit Verschlussdeckel, der nur lose verschlossen wird. Der Kulturansatz besteht aus einer Handvoll Haferflocken, einem halben Päckchen Trockenhefe und einem kleinen Schuss Obstessig. Alle Zutaten drückt man mit einer Gabel zu Brei, darauf kommen Zuchttiere aus einem alten Ansatz.

Einige Würmer kriechen an den Wänden hoch, wo man sie mit einem kleinen – in Wasser gespülten – Pinsel abstreifen kann. Am Glasboden krabbeln nun die kleinen Würmer. Die leicht milchige Brühe gießt man vorsichtig ab und füllt erneut mit sauberem Wasser. Nach einigen Wiederholungen sind die Würmchen gut gespült. Mit einer 20-ml-Spritze mit Schlauch kann man sie aus dem Wasserglas ziehen und verfüttern.

Eine weitere Möglichkeit, diese kleinen Würmer zusätzlich zu reinigen, geschieht mit der Hilfe der Spritze und einem Schlauchfilter – wie bei den Essigälchen beschrieben.

Artemia-Nauplien-Zuchtanlage aus dem Zoofachhandel.

Artemia

Artemia-Nauplien sind das wichtigste Aufzuchtfutter für die Fischbrut. *Artemia*-Zysten sind kleine Eier, aus denen sich die Nauplien entwickeln. Nach ca. 8 bis 48 Stunden sprengen sie ihre schützende Hülle. Der Fachhandel bietet *Artemia* in verschiedenen Schlupfraten an. Premium Grade bis 90 Prozent Schlupfrate ist die beste Qualität. Es gibt auch Unterschiede in der Schlupfzeit, die von Dose zu Dose verschieden sein kann, man kann die Schlupfzeit durch Wärme beschleunigen (22 °C bis 28 °C).

Für die Zucht benötigt man eine Membranluftpumpe, eine farblose Flasche von 1 bis 2 Liter, einen Plastikkorken (Sektflasche), einen etwa 1 m langen Luftschlauch, einen Lufthahn, ein *Artemia*-Sieb, ei-

Artemia-Nauplien, einfache Zuchtanlage im Selbstbau.

nen kleinen Behälter für das Sieb und einen Literbehälter zum Aussieben (2-Liter Einmachglas). In den Plastikkorken werden zwei Löcher von etwa sechs Millimetern gebohrt. In ein Loch wird der Luftschlauch bis zum Flaschenboden durchgeschoben, aus dem zweiten Loch kann die eingeblasene Luft entweichen. In eine 1-l-Flasche gibt man eine Kochsalzlösung (3/4 l Wasser, 2 Teelöffel Kochsalz). Jetzt werden, je nach Bedarf, bis zu einem Teelöffel *Artemia*-Eier in die Flasche gegeben und mit Luft besprudelt. Je nach Schlupfzeit der Nauplien (genaue Schlupfzeit muss nach jeder neuen Dose geprüft werden), wird nun der Luftschlauch von der Pumpe getrennt. Die Nauplien sammeln sich am Boden und die leeren Eier schwimmen an der Wasseroberfläche. Jetzt kann man sie gut vom Boden absaugen und über das Sieb aussieben. Das Sieb mit den Nauplien wird in einen Behälter mit Wasser gestellt. Von dort kann man die Nauplien gut mit einer Pipette (oder Spritze) entnehmen und problemlos auf die jeweiligen Aquarien verteilen. Die Flasche wird gut gereinigt – ohne Spülmittel. Allle benötigten Gerätschaften sind im Aquaristikhandel zu kaufen.

Großer Prachtkärpling *Fundulopanchax gardneri nigerianus* „Makurdi".

Lebendfutter

Grindalwürmer

Dies sind kleine, 5 bis 10 Millimeter große Würmer, die für die Jungfischaufzucht gut geeignet sind. Da die Würmer sehr fetthaltig sind, sollte man dieses Futter nicht jeden Tag reichen. Ich züchte die Grindalwürmer in einer transparenten flachen Box mit Gazedeckel auf 3-4 Millimeter gewaschenem Seramis (Blumengranulat). Darüber gieße ich Wasser bis zu einer Höhe von 5 bis 10 mm. Gefüttert werden die Grindalwürmer mit Milchbrei. Das Pulver wird mit einer Wasserspritze angefeuchtet und mit einer Glasscheibe abgedeckt. Die Grindalwürmer sammeln sich unter der Scheibe und können gut entnommen werden. Man muss jetzt nur noch den richtigen Zeitpunkt finden, wann das Substrat gewaschen werden muss. Von Vorteil ist es, einige Dosen als Reserve in Betrieb zu haben. Sobald das Substrat anfängt schwarz zu werden, muss es gewaschen (in einem Perlonstrumpf) oder ausgewechselt werden.

Grindal-Zuchtansatz.

Springschwänze

Sie sind in der Aquaristik ein kaum bekanntes Futter. Jeder Blumenliebhaber kennt diese weißen, etwa zwei Millimeter großen Tiere, die beim Gießen im Blumentopf herumspringen. Sie ernähren sich von abgestorbenen Pflanzenresten. Für die Fische sind sie ein hervorragendes Futter, welches wegen seiner geringen Größe auch schon von halbwüchsigen Fischen gefressen werden kann. Da die Springschwänze an der Wasseroberfläche schwimmen, müssen die Fische sie von der Oberfläche fressen, sie bleiben dort sogar mehrere Tage am Leben.

Die Zucht ist eine sehr einfache und unaufwendige Angelegenheit. Blähton, wie er in der Hydrokultur verwendet wird, mit einer Körnung von etwa 5-8 Millimetern wird in einem Sieb sauber gewaschen und etwa 3 bis 4 Zentimeter hoch in einen Behälter gefüllt. Der Deckel darf nicht luftdicht schließen. Ansonsten müssen sehr kleine Löcher in den Deckel gebohrt werden. Nun gibt man noch so viel Wasser dazu, bis sich ein Wasserstand von etwa 1-2 Zentimetern ergibt. Jetzt kann man die Springschwänze einsetzen. Gefüttert wird mit zartschmelzenden Haferflocken. Nach 3 bis 4 Wochen

Springschwänze-Zuchtansatz.

kann man die Springschwänze verfüttern oder einen neuen Zuchtansatz erstellen. Zum Verfüttern neigt man die Dose schräg, damit das Wasser in einer Ecke zusammenläuft. Die Springschwänze sammeln sich auf der Wasseroberfläche, wo man sie mit einer kleinen Kelle abschöpft, über einem Sieb abgießt und an der Wasseroberfläche abklopft. Um regelmäßig füttern zu können, benötigt man mehrere zeitversetzte Ansätze, die nach vier Monaten erneuert werden. Die Springschwänze kommen einige Wochen ohne Futter aus, es muss nur darauf geachtet werden, dass der Blähton genügend Feuchtigkeit hat.

Zuchtansatz mit *Drosophila*-Fruchtfliegen.

Fruchtfliegen

In der Aquaristik ist die Fruchtfliege, *Drosophila melanogaster*, relativ unbekannt, obwohl sehr viele Aquarienfische in der Natur von Anflugnahrung leben. Von den Fruchtfliegen gibt es eine stummelflügelige Zuchtform, die einfacher zu handhaben ist als ihre fliegenden Verwandten aus der Natur. Für einen Zuchtansatz nehme ich eine runde Klarsichtdose (1 Liter). Sie wird mit einem runden Schwamm verschlossen. Der Zuchtbrei besteht aus zwei Gläsern (je 360 g) Apfelmus, etwa einer Handvoll Haferflocken und einem Päckchen Trockenhefe. Das Apfelmus wird erhitzt und mit Haferflocken angedickt, unter ständigem Rühren wird die Trockenhefe hinzugefügt. Der noch warme Brei wird etwa zwei Zentimeter hoch in Gläser gefüllt. Als Klettergerüst klemme ich Teile von Eierbehältern in die Gläser. Der etwas flüssige Brei muss nach dem Erkalten am Boden kleben bleiben. Nun werden etwa 30-40 frisch geschlüpfte Fliegen in die Dose geschüttet. Nach etwa 14 Tagen schlüpfen die ersten Fliegen. Zum Verfüttern werden die Fliegen zuerst auf den Behälterboden geklopft, damit sie beim Öffnen nicht herausspringen, und auf der Wasseroberfläche abgeklopft.

Sollte beim Öffnen der Dose eine Fliege herausfliegen, ist der Ansatz nicht mehr zu gebrauchen. Mit den Schaumgummistopfen habe ich gute Erfahrungen gemacht. Die fliegenden Obstfliegen haben so keine Möglichkeit, sich mit den Fliegen des Zuchtansatzes zu paaren.

Schwarze Mückenlarven

Schwarze Mückenlarven aus der Regentonne.

Man findet sie problemlos in der Regentonne, aber wie bekommt man dieses gute Futter aus der Tonne. Man beobachtet sie an der Oberfläche, aber sobald man versucht, sie mit dem Kescher zu fangen, verschwinden sie nach unten. Je mehr man dann in der Tonne herumrührt, desto mehr Schlamm wirbelt man auf.

Es gibt aber eine einfache Möglichkeit, die Mückenlarven sauber aus der Regentonne zu fangen. Der Deckel der Regentonne ist nach oben gewölbt. Wenn ich ihn mit der Wölbung nach unten drehe, kann sich auf dem Deckel Wasser ansammeln. Nun brauche ich nur noch ein Loch von etwa 8 cm Durchmesser in die Mitte des Deckels schneiden und die Mückenlarven sammeln sich oben auf dem Deckel. Wenn der Deckel von Algenablagerungen gereinigt wird und genügend Wasser auf dem Deckel steht, können die Mücken sauber eingefangen werden. Auf diese Weise kann auch die Entwicklung der Mückenlarven beobachtet werden und sie können bei Bedarf eingesammelt werden. Schwarze Mückenlarven sind das ideale Futter für eine erfolgreiche Nachzucht oft schwieriger Killifische.

Der Zoohandel bietet in kleinen Beuteln verpacktes Lebendfutter an.
Auf Bestellung sind auch größere Mengen möglich.

1

Chromaphyosemion sp. *Kribi-Campo* „Afan Essokie", II ADK 2011-452.

2

Aphyosemion sp „Weze" GTC-14.

3

Aphyosemion sp. aff. *lefiniense* „Lefini“, CI-2014.

4

Aphyosemion sp. aff. *louessense* „Mikamba“, FCCO 2013-06.

Aphyosemion – Prachtkärpflinge

Aphyosemion (Aphyosemion) Myers, 1924

Typusart *A. castaneum*

Aphyosemion castaneum Myers, 1924
Aphyosemion chauchei Huber & Scheel, 1981
Aphyosemion christyi Boulenger, 1915
Aphyosemion cognatum H. Meinken, 1951
Aphyosemion congicum E. Ahl, 1924
Aphyosemion decorsei Pellegrin, 1904
Aphyosemion elegans Boulenger, 1899
Aphyosemion ferranti Boulenger, 1910
Aphyosemion fellmanni Van der Zee & Sonnenberg, 2018
Aphyosemion lamberti Radda & Huber, 1977
Aphyosemion lefiniense Woeltjes, 1984
Aphyosemion lujae Boulenger, 1911
Aphyosemion musafirii Van der Zee & Sonnenberg, 2011
Aphyosemion plagitaenium Huber, 2004
Aphyosemion polli Radda & Pürzl, 1987
Aphyosemion pseudoelegans Van der Zee & Sonnenberg, 2012
Aphyosemion rectogoense Radda & Huber, 1977
Aphyosemion schioetzi Huber & Scheel, 1981
Aphyosemion schoutedeni Boulenger, 1920
Aphyosemion teugelsi Van der Zee & Sonnenberg, 2010

Aphyosemion (Chromaphyosemion) Radda, 1971

Typusart *A. bitaeniatum*

Aphyosemion alpha Huber, 1998
Aphyosemion aurantiacum Agnèse, Chirio & Legros, 2018
Aphyosemion barakoniense Agnèse, Chirio & Legros, 2018
Aphyosemion bitaeniatum Ahl, 1924
Aphyosemion bivittatum Lönnberg, 1895
Aphyosemion ecucuense Sonnenberg, 2007
Aphyosemion erythron Sonnenberg, 2007
Aphyosemion flammulatum Agnèse, Chirio & Legros,2018
Aphyosemion flavocyaneum Agnèse, Chirio & Legros, 2018
Aphyosemion kouamense Legros, 1999
Aphyosemion koungueense Sonnenberg, 2007
Aphyosemion loennbergii Boulenger, 1903
Aphyosemion lugens Amiet, 1991
Aphyosemion malumbresi Legros & Zentz, 2006
Aphyosemion melanogaster Legros, Zentz & Agnèse, 2006
Aphyosemion melinoeides Sonnenberg, 2007
Aphyosemion omega Sonnenberg, 2007
Aphyosemion pamaense Agnèse, Legros, Cazauxi & Estivals, 2013
Aphyosemion poliaki Amiet, 1991
Aphyosemion punctulatum Legros, Zentz & Agnèse, 2006
Aphyosemion pusillum Agnèse, Chirio & Legros, 2018
Aphyosemion riggenbachi Ahl, 1924
Aphyosemion rubrogaster Agnèse, Chirio & Legros, 2018
Aphyosemion splendopleure Brüning, 1929
Aphyosemion volcanum Radda & Wildekamp, 1977

Aphyosemion (Scheelsemion) Huber, 2013

Typusart *A. australe*

Aphyosemion ahli Myers, 1933
Aphyosemion australe Rachow, 1921
Aphyosemion calliurum Boulenger, 1911
Aphyosemion campomaanense Agnèse, Brummett, Catalan, Caminade & Kornobis, 2009
Aphyosemion celiae (celiae) Scheel, 1971
Aphyosemion celiae (winifredae) Radda & Scheel, 1975
Aphyosemion edeanum Amiet, 1987
Aphyosemion franzwerneri Scheel, 1971
Aphyosemion heinemanni Berkenkamp, 1983
Aphyosemion lividum Legros & Zentz, 2007
Aphyosemion pascheni (pascheni) Ahl, 1928
Aphyosemion pascheni (festivum) Amiet, 1987
Aphyosemion tirbaki Huber, 1999
Aphyosemion herzogi Radda, 1975
Aphyosemion herzogi (bochtleri) Radda, 1975

Aphyosemion (Iconisemion) Huber, 2013

Typusart *A. striatum*

Aphyosemion bitteri Valdesalici & Eberl, 2016
Aphyosemion boehmi Radda, & Huber, 1977
Aphyosemion buytaerti Radda & Huber, 1978
Aphyosemion caudofasciatum Huber & Radda, 1979
Aphyosemion cyanoflavum Zee et al., 2018
Aphyosemion escherichi Ahl, 1924
Aphyosemion exigoideum Radda & Huber, 1977
Aphyosemion gabunense Radda, 1975
Aphyosemion grelli Valdesalici & Eberl, 2013
Aphyosemion hera Huber, 1998
Aphyosemion hofmanni Radda, 1980
Aphyosemion joergenscheeli Huber & Radda, 1977
Aphyosemion jeanhuberi Valdesalici & Eberl, 2015
Aphyosemion louessense Pellegrin, 1931
Aphyosemion marginatum Radda & Huber, 1977
Aphyosemion mengilai Valdesalici & Eberl, 2014
Aphyosemion ogoense Pellegrin, 1930
Aphyosemion ottogartneri Radda, 1980
Aphyosemion primigenium Radda & Huber, 1977
Aphyosemion pyrophore Huber & Radda, 1979
Aphyosemion schluppi Radda & Huber, 1978
Aphyosemion striatum Boulenger, 1911
Aphyosemion thysi Radda & Huber, 1978
Aphyosemion wachtersi (wachtersi) Radda & Huber, 1978
Aphyosemion wachtersi (mikeae) Radda, 1980
Aphyosemion zygaima Huber, 1981

Aphyosemion (Kathetys) Huber, 1977

Typusart *A. exiguum*

Aphyosemion bamilekorum Radda, 1971
Aphyosemion elberti Ahl, 1924b
Aphyosemion bualanum Ahl, 1924a, gültig als *elberti*
Aphyosemion dargei Amiet, 1987
Aphyosemion exiguum Boulenger, 1911
Aphyosemion kekemense Radda & Scheel, 1975

Aphyosemion (Mesoaphyosemion) Radda, 1977
Typusart *A. cameronense*

Aphyosemion amoenum Radda & Pürzl, 1976
Aphyosemion aureum Radda, 1980
Aphyosemion cameronense Boulenger, 1903
Aphyosemion citrineipinnis Huber & Radda, 1977
Aphyosemion coeleste Huber & Radda, 1977
Aphyosemion cryptum Zee et al., 2018
Aphyosemion etsamense Sonnenberg & Blum, 2004
Aphyosemion haasi Radda & Pürzl, 1976
Aphyosemion halleri Radda & Pürzl, 1976
Aphyosemion hanneloreae (hanneloreae) Radda & Pürzl, 1985
Aphyosemion hanneloreae (wuendschi) Radda & Pürzl, 1985
Aphyosemion labarrei Poll, 1951
Aphyosemion maculatum Radda & Pürzl, 1977
Aphyosemion mandoroense Zee et al., 2018
Aphyosemion mimbon Huber, 1977
Aphyosemion obscurum Ahl, 1924
Aphyosemion ocellatum Huber & Radda, 1977
Aphyosemion passaroi Huber, 1994
Aphyosemion punctatum Radda & Pürzl, 1977
Aphyosemion raddai Scheel, 1975
Aphyosemion wildekampi Berkenkamp, 1973

Aphyosemion (Diapteron) Huber & Seegers, 1977
Typusart *A. georgiae*

Aphyosemion abacinum Huber, 1976
Aphyosemion cyanostictum Lambert & Géry, 1968
Aphyosemion fulgens Lambert & Géry, 1968
Aphyosemion georgiae Lambert & Géry, 1968
Aphyosemion seegersi Huber, 1980

Aphyosemion (Episemion) Radda & Pürzl, 1987
Typusart *A. callipteron*

Aphyosemion callipteron Radda & Pürzl, 1987
Aphyosemion krystallinoron Sonnenberg, Blum & Misof 2006

Aphyosemion (Raddaella) Huber, 1977
Typusart *A. batesii*

Aphyosemion batesii Boulenger, 1911
Aphyosemion splendidum Pellegrin, 1930
Aphyosemion kunzi Radda, 1975

Fundulopanchax – Große Prachtkärpflinge

Fundulopanchax (Fundulopanchax) Myers, 1924
Typusart *F. sjoestedti*

Fundulopanchax powelli Zee & Wildekamp, 1996
Fundulopanchax sjoestedti (Lönnberg, 1895)

Fundulopanchax (Paraphyosemion) Radda, 1977
Typusart *F. gardneri*

Fundulopanchax amieti Radda, 1976
Fundulopanchax cinnamomeus Clausen, 1963
Fundulopanchax gardneri (clauseni) Scheel, 1975
Fundulopanchax gardneri (gardneri) Boulenger, 1911
Fundulopanchax gardneri (lacustris) Radda, 1974
Fundulopanchax gardneri (mamfensis) Radda, 1974
Fundulopanchax gardneri (nigerianus) Clausen, 1963
Fundulopanchax kamdemi Akum, Sonnenberg, van der Zee & Wildekamp 2007
Fundulopanchax gresensi Berkenkamp, 2003
Fundulopanchax intermittens Radda, 1974
Fundulopanchax mirabilis Radda, 1970
Fundulopanchax moensis Radda, 1970
Fundulopanchax traudeae Radda, 1971
Fundulopanchax ndianus Scheel, 1968
Fundulopanchax puerzli Radda & Scheel, 1974
Fundulopanchax spoorenbergi Berkenkamp, 1976
Fundulopanchax walkeri (walkeri) Boulenger, 1911
Fundulopanchax walkeri (spurrelli) Boulenger, 1911

Fundulopanchax (Gularopanchax) Radda, 1977
Typusart *F. gularis*

Fundulopanchax schwoiseri Scheel und Radda ,1974
Fundulopanchax kribianus Radda, 1975
Fundulopanchax fallax Ahl, 1935, ist eventuell *F. kribianus*
Fundulopanchax gularis Boulenger, 1902
Fundulopanchax deltaensis Radda, 1976

Fundulopanchax (Paludopanchax) Radda, 1977
Typusart *F. arnoldi*

Fundulopanchax arnoldi Boulenger, 1908
Fundulopanchax avichang Malumbres & Castelo, 2001
Fundulopanchax filamentosus Meinken, 1933
Fundulopanchax robertsoni Radda & Scheel, 1974
Fundulopanchax rubrolabialis Radda, 1973

Fundulopanchax (Pauciradius) Wildekamp & Zee 2005
Typusart *F. scheeli*

Fundulopanchax scheeli (Radda, 1970)
Fundulopanchax oeseri (Schmidt, 1928)
Fundulopanchax marmoratus (Radda, 1973)

Roloffiagruppe – Roloffiakärpflinge
(früher *Aphyosemion*-Prachtkärpflinge)

Callopanchax Myers, 1933
Typusart *C. occidentalis*

Callopanchax toddi Clausen, 1966
Callopanchax monroviae Roloff & Ladiges, 1972

Callopanchax occidentalis CLAUSEN, 1966
Callopanchax sidibeorum SONNENBERG & BUSCH, 2010

Archiaphyosemion RADDA, 1977
Typusart *A. guineense*

Archiaphyosemion guineense DAGET, 1954

Nimbapanchax SONNENBERG & BUSCH, 2009
Typusart *N. leucopterygius*

Nimbapanchax jeanpoli BERKENKAMP & ETZEL, 1979
Nimbapanchax leucopterygius SONNENBERG & BUSCH, 2009
Nimbapanchax melanopterygius SONNENBERG & BUSCH, 2009
Nimbapanchax petersi SAUVAGE, 1882
Nimbapanchax viridis LADIGES & ROLOFF, 1973

Scriptaphyosemion RADDA & PÜRZL, 1987
Typusart *S. geryi*

Scriptaphyosemion banforense SEEGERS, 1982
Scriptaphyosemion bertholdi ROLOFF, 1965
Scriptaphyosemion brueningi ROLOFF, 1971
Scriptaphyosemion cauveti ROMAND & OZOUF, 1995
Scriptaphyosemion chaytori ROLOFF, 1971
Scriptaphyosemion etzeli BERKENKAMP, 1979
Scriptaphyosemion fredrodi VANDERSMISSEN, ETZEL & BERKENKAMP, 1980
Scriptaphyosemion geryi LAMBERT, 1958
Scriptaphyosemion guignardi ROMAND, 1981
Scriptaphyosemion liberiense BOULENGER, 1908
Scriptaphyosemion nigrifluvi ROMAND, 1982
Scriptaphyosemion roloffi ROLOFF, 1936
Scriptaphyosemion schmitti ROMAND, 1979
Scriptaphyosemion wieseae SONNENBERG & BUSCH, 2012

Fenerbahce – Zwerg-Prachtkärpflinge

Fenerbahce özdikmen, POLAT, YILMAZ & YAZICIOGLU, 2006
Typusart *F. formosus*

Fenerbahce formosus HUBER, 1979
Fenerbahce devosi SONNENBERG, WOELTJES & VAN DER ZEE, 2011

Cameronense-Artengruppe: *Aphyosemion etsamense* „CEM 2005-3“ (Gabun).

Literatur

Agnèse, J. F., F. Zentz, O. Legros and D. Sellos (2006). Phylogenetic relationships and phylogeny of the killifish species of the subgenus Chromaphyosemion (Radda, 1971) in West Africa, inferred from mitochondrial DNA sequences. Molecular Phylogenetics and Evolution v. 40 (no. 2)

Agnèse, J.-F., L. Chirio, O. Legros, R. Oslisly and H. M. Bhé (2018). Unexpected discovery of six new species of Aphyosemion (Cyprinodontiformes, Aplocheilidae) in the Wonga-Wongué Presidential Reserve in Gabon. European Journal of Taxonomy No. 471: 1-28.

Amiet, J.-L. (1987). Le Genre Aphyosemion Myers (Pisces, Teleostei, Cyprinodontiformes). Faune du Cameroun. Sciences Naturelles, Compiegne, 262 pp.

Collier, G.E. (2007) The genus Aphyosemion: taxonomic history and molecular phylogeny. Journal of the American Killifish Association, 39, 147-168.

Huber, J.H. (2013c). Reappraisal of the phylogeny of the African genus Aphyosemion (Cyprinodontiformes) focused on external characters, in line with molecular data with new and redefined subgenera. Killi Data Series, 2013, 31-35.

Myers, G.S. (1924). A new poeciliid fish from the Congo, with remarks on funduline genera. American Museum Novitates, 116, 1-9.

Murphy, W.J. & Collier, G.E. (1999). Phylogenetic relationships of African Killifishes in the genera Aphyosemion and Fundulopanchax inferred from mitochondrial DNA sequences. Molecular Phylogenetics and Evolution, 11, 351–360

Neumann, W. (2006). DKG-Killifisch-Lexikon

Pohlmann, R. (2009). Die Einteilung der Gattung Chromaphyosemion in Arten. DKG-Journal v. 41 (no. 2): 34-40.

Seegers (1997). Aqualog-Killifishes of the world.

Radda, A. C. (1971). Cyprinodontidenstudien im südlichen Kamerun. 2. Das Tiefland der Küste. Aquaria: Österreichische Zeitschrift für Vivaristik v. 5 (no. 8): 109-121.

Radda, A. C. (1977). Vorläufige Beschreibung von vier neuen Subgenera der Gattung Aphyosemion. Myers Aquaria: Vivaristische Fachzeitschrift mit Vereinsmitteilungen v. 24 (no. 12): 209-216.

Radda, A. C. and E. Pürzl (1987). Episemion callipteron, ein neuer Killifisch aus Nordgabun. Deutsche Killifisch Gemeinschaft Journal v. 19 (no. 2): 17-22.

Sonnenberg, R. (2000). The Distribution of Chromaphyosemion Radda, 1971 (Teleostei: Cyprinodontiformes) on the coastal Plains of West and Central Africa. Bonn zool. Monogr., (Proc. 4th Symp.): 79-94, 1 fig., 1 pl.

Sonnenberg, R. (2007) Description of three new species of the genus Chromaphyosemion Radda, 1971 (Cyprinodontiformes: Nothobranchiidae) from the coastal plains of Cameroon with a preliminary review of the Chromaphyosemion splendopleure complex. Zootaxa, 1591, 1-38.

Valdesalici, S. & Eberl, W. (2013) Aphyosemion grelli (Cyprinodontiformes: Nothobranchiidae), a new species from the Massif du Chaillu, southern Gabon. Vertebrate Zoology, 63, 155-160.

van der Zee, J. R., G. Walsh, V. N. Boukaka Mikembi, M. N. Jonker, M. P. Alexandre and R. Sonnenberg 2018. Three new endemic Aphyosemion species (Cyprinodontiformes: Nothobranchiidae) from the Massif du Chaillu in the upper Louessé River system, Republic of the Congo. Zootaxa 4369 (no. 1): 63-92.

Völker, M., R. Sonnenberg, P. Rab & H. Kullmann. 2006. Karyotype differentiation in Chromaphyosemion killifishes (Cyprinodontiformes, Nothobranchiidae). II: Cytogenetic and mitochondrial DNA analyses demonstrate karyotype differentiation and its evolutionary direction in C. riggenbachi. Cytogenet. Genome Res., 115: 70-83, figs.

Völker, M., R. Sonnenberg, P. Rab & H. Kullmann. 2007. Karyotype differentiation in Chromaphyosemion killifishes (Cyprinodontiformes, Nothobranchiidae). III: Extensive karyotypic variability associated with low mitochondrial haplotype differentiation in C. bivittatum. Cytogenet. Genome Res., 116: 116-126, 5 figs.

Wildekamp, R. H. and J. R. van der Zee. 2005. Description of a new subgenus of Fundulopanchax, Pauciradius. Wildekamp and van der Zee, 2003 (Cyprinodontiformes: Nothobranchiidae: Fundulopanchax). Journal of the American Killifish Association v. 38 (no. 4).

FANTASTISCHE VIELFALT

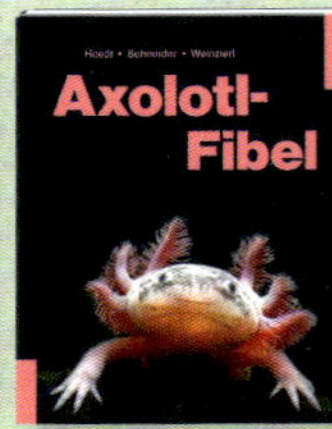

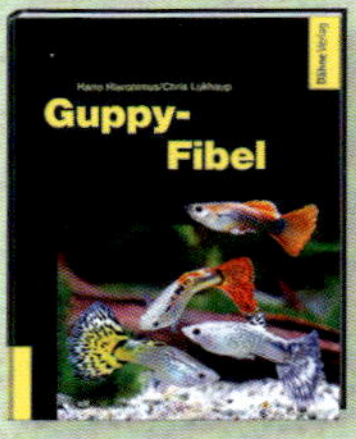

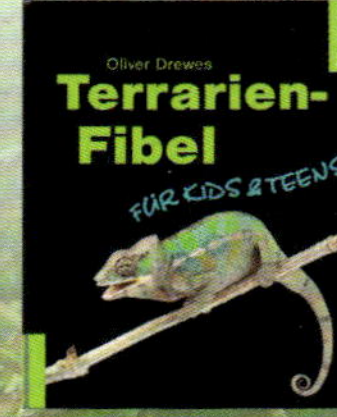